建立當責文化

從思考、行動到成果，激發員工主動改變的領導流程

Change the Culture ▶ Change the Game

The Breakthrough Strategy for Energizing Your Organization and Creating Accountability for Results

Roger Connors   Tom Smith

羅傑‧康納斯 ——————— 合著 ——————— 湯姆‧史密斯

吳書榆—譯

Change the Culture, Change the Game:The Breakthrough Strategy for Energizing Your
Organization and Creating Accountability for Results
Original edition copyright © 1999, 2011 by Roger Connors and Tom Smith
Chinese (in complex characters only) translation copyright © 2017 by EcoTrend Publications, a
division of Cité Publishing Ltd.
Published by arrangement with Portfolio, an imprint of Penguin Publishing Group, a division of
Penguin Random House LLC through Andrew Nurnberg Associates International Ltd.
ALL RIGHTS RESERVED.

經營管理 136

建立當責文化：
從思考、行動到成果，激發員工主動改變的領導流程

作　　　者　羅傑・康納斯（Roger Connors）、湯姆・史密斯（Tom Smith）
譯　　　者　吳書榆
責 任 編 輯　文及元
行 銷 企 畫　劉順眾、顏宏紋、李君宜
總　編　輯　林博華
發　行　人　涂玉雲
出　　　版　經濟新潮社
　　　　　　104台北市民生東路二段141號5樓
　　　　　　電話：(02)2500-7696　傳真：(02)2500-1955
　　　　　　經濟新潮社部落格：http://ecocite.pixnet.net
發　　　行　英屬蓋曼群島商家庭傳媒股份有限公司城邦分公司
　　　　　　台北市中山區民生東路二段141號11樓
　　　　　　客服專線：02-25007718；25007719
　　　　　　24小時傳真專線：02-25001990；25001991
　　　　　　服務時間：週一至週五上午09:30-12:00；下午13:30-17:00
　　　　　　劃撥帳號：19863813　戶名：書蟲股份有限公司
　　　　　　讀者服務信箱：service@readingclub.com.tw
　　　　　　城邦網址：http://www.cite.com.tw
香港發行所　城邦（香港）出版集團有限公司
　　　　　　香港灣仔駱克道193號東超商業中心1樓
　　　　　　電話：25086231　傳真：25789337
　　　　　　E-mail：hkcite@biznetvigator.com
新馬發行所　城邦（新、馬）出版集團 Cite（M）Sdn. Bhd.（458372U）
　　　　　　41, Jalan Radin Anum, Bandar Baru Sri Petaling,
　　　　　　57000 Kuala Lumpur, Malaysia.
　　　　　　電話：603-90578822　傳真：603-90576622
　　　　　　E-mail：cite@cite.com.my
印　　　刷　漾格科技股份有限公司
初 版 一 刷　2017年4月13日
初 版 四 刷　2021年9月7日

城邦讀書花園
www.cite.com.tw

ISBN 978-986-94410-1-8

版權所有・翻印必究

售價：NT$ 380

Printed in Taiwan

推薦序

組織變革，從建立當責文化開始
──由經驗、信念、行動到成果　　　　文／楊千

　　在管理學院所有課程中，組織變革是最具挑戰也最有意義的課程。

　　這讓我想到 Roger 和 Jefferey，他們先後是我「組織變革」這門課的學生，很巧合地，他們在中國大陸任職於同一家公司，一位負責經營管理，另一位負責製造。近幾年，趁著農曆春節假期返台時，他們都會來探望我，一起討論組織變革的議題。

　　我跟他們提到，一般而言，通常一個組織變革，組織成員每十人之中，有兩人樂觀其成，願意積極配合；有兩人抵死不從，其餘六人則是等待觀望。事實上，組織變革就是要建立組織文化，關鍵在於必須將當責（accountability）從經驗化為深植人心的信念、具體落實的行動，最終才能導出想要的成果。

　　二位作者羅傑・康納斯（Roger Connors）、湯姆・史密斯（Tom Smith），在當責系列叢書之一的《從負責到當責：我還能做些什麼，把事情做對、做好？》（*How Did That Happen?: Holding People Accountable for Results the Positive, Principled*

Way）中，提到「成果金字塔」（Result Pyramid）的概念，當時我覺得如獲至寶，不僅提供他們兩人參考，也常在演講中與人分享。

事實上，「成果金字塔」就是建立當責文化的步驟，也是落實組織變革的方法。作者將實作方法和經驗彙整為本書，是兩位作者在當責系列叢書之中，應當是最新最實用的。

不過，東方和西方的文化是有差異的，華人通常覺得自己很聰明，只注重原則卻忽略方法；相對來說，西方比較注重方法論。為了讓方法論也能結合案例說明，本書的構成分為兩部分，每一部分各有五章，第一部分主要是概念和方法，第二部分則以個案佐證，從實務層面說明落實方法論的要領。

朝著同一個方向使力，才能立竿見影、獲得成果

方向比努力重要。所以，組織變革最重要的，就是將我們企圖達到的成果先確定好，這就是決定方向。

其實這些概念在過去半世紀以來，幾乎每一家公司都在進行。和傳統的「目標管理」並沒有很大的區別。就是先把想要達成的目標，用明確可衡量的數字標示出來，在既定時間表內設法實踐。

傳統的目標管理通常是比較小規模的，因此，在概念上，目標管理所談的跟著書上所談的並沒有很大的差別；只是在進行上本書列出了比較多比較細膩的方法與步驟。最大的差別主要是本書用組織文化（企業文化）的概念解讀，因為，組織文化的影響

力無所不在，它是潛意識的自然行為。所以，作者說：「你不擁抱（管理）組織文化，組織文化就會擁抱（管理）你。」

組織文化的影響力無所不在，像是在組織文化塑造過程中，如果提拔一個與組織文化不相稱的員工，其實對於組織和個人而言，都是一場無法收拾的重大災難。

經驗形成信念、信念影響行動，行動引導成果

成果金字塔由上而下，分別是成果、行動、信念、經驗，也就是經驗形成信念、信念影響行動，行動引導成果。

為什麼我觀看成果金字塔的方式，是從結論反推？

從工程的角度來說，我們習慣從預期產生的結果，反推我們該做的事情，這是逆向工程（Reverse Engineering，或稱反向工程）的概念。甚至在電子電路的設計上也是這樣，從期望產生的輸出，反推應該設計哪些該有的功能。

所以，成果金字塔的第一步，基本上就是從我們想要達到的成果上去反推。從成果的金字塔最上面的成果往下一層就是要定義出，想看到這樣成果應當需要的行動是什麼？再往下找到能引發正確行動的信念應該是什麼？接下來，尋找提供能灌輸正確信念的經驗是什麼？如此一來，我們就知道要去創造這樣子的經驗，因為，經驗就能灌輸正確的信念，有了正確的信念就能引發適切的行動。有了能夠創造成果的行動，就達到了新成果。

所以，成果金字塔在設計上，是反向的流程思考；在行為上，是從底層的「經驗」開始塑造。建立當責文化，從親身體會

能夠建立正確信念的經驗開始，像是商鞅變法，就是從建立新經驗開始。

從方法到實作，從案例到解說

　　本書特別強調「協調統整」（Alignment），這是建立當責文化和落實成果金字塔的關鍵字，這個字有時候翻譯成為「校準」或「校正」。像是汽車前輪要校正，如果左右輪胎沒有校正好，形同沒有協調統整，可能因此產生內耗。（其實看看我們生活的台灣，自從「愛台灣」三個字出現之後，我們其實很多精力花在內耗，這就表示我們並沒有協調統整。）

　　這個概念放在組織裏，指的是所有的努力都必須朝向同一個方向，對準想要達到的同一個成果。所以，本書中特別提到的「當責文化三條路」的當責文化管理工具，是為了聚焦，這也是建立當責文化時的最高指導原則。聚焦到哪裏？聚焦到你想要達到的成果上，包括「聚焦的回饋、聚焦的故事講述、聚焦的認同」；不能聚焦的就是內耗。

　　接著，作者提到溝通。其實，我在上組織變革的時候常常講到這七字箴言就是「溝通、溝通、再溝通」。當責文化的塑造或組織變革是須要持續的對話。所以要精進三大文化變革的領導技能，在第八章整個談的就是溝通，要持續的對話。溝通本身就是設計組織變革的代價，組織變革的手段。溝通是非常困難的，是一輩子的功課。整個管理的活動裏，溝通占有極大的分量，我們常常看到相當無效的溝通，許多溝通的結果只能說「相談甚歡，

誤會一場」。

　　本書第九章提供許多個案，說明這些公司是在什麼時機利用最佳整合的機會，進而塑造調整大家的心思意念，接下來建立當責的信念，進而化為當責的行動，最後產生當責的成果。

　　在第十章，書裏透過麥肯錫顧問公司的研究進行對照跟驗證，企圖說明英雄所見略同。要做成功的組織變革或當責文化的塑造，就是要想辦法，讓組織上上下下所有的關鍵人物，都有當責的行為、當責的信念，和當責的經驗。

　　在管理工作上，講求效率和效果。要如何整合文化變革？當然要在最恰當的時機與場所。本書提供許多方法、實作和個案，力求組織變革的管理者不妨一讀。

　　　　　　　　　　（本文作者為國立交通大學EMBA榮譽執行長）

目錄

前言

　　熟悉《從負責到當責：我還能做些什麼，把事情做對、做好？》（*How Did That Happen?: Holding People Accountable for Results the Positive, Principled Way*）和《當責，從停止抱怨開始：克服被害者心態，才能交出成果、達成目標！》（*The Oz Principle: Getting Results Through Individual and Organizational Accountability*）這兩本書，而且了解我們在當責方面所做努力的讀者，會樂見我們（以及愈來愈長清單上的客戶群）是堅定不移的當責（Accountability）信徒，相信個人層面與組織層面的當責，深深影響企業的成就和公司的士氣。

　　當責可以創造非凡的成果，而我們寫的這幾本書，以二十多年來，我們為全球頂尖領導者為從事顧問諮商與培育訓練的經驗為基礎，記錄了一件事，那就是更強的當責可以也確實引導出改變遊戲規則的成果。

　　可惜的是，在很多組織裏，當責是出錯時才會和你有關的事。然而，這種當責不會有用。

　　真正的當責，是透過一套通過驗證的按部就班流程達成，能讓你把事情做對，當你努力為組織創造成果時，能助你一臂之

力。當責絕對不是針對失誤與失敗訂下的罰則，當責是一套強大、正向且能賦予人們能力的原則，打下基礎、讓你在個人面與組織面有所成就。這不是做或不做的選項，也不是一時風潮，而是當今複雜且瞬息萬變商業環境中必須做到的基本功。我們如何讓一個人負起責任，定義了工作關係的特質：當責決定了我們如何互動、我們對彼此的期待，以及我們「在這裏如何做事」。

　　營造組織文化（企業文化），讓員工樂於對他人和組織負起責任，應是打造成功組織變革的最核心行動。少了當責，變革過程就會快速崩潰。一旦崩潰，員工便會把需要變革當成別人的事，抗拒任何推動他們前進的行動，甚至阻礙帶動組織轉型的努力。有了當責，組織內各個層級的人員都會欣然接受自己的角色以促成變革，並對自己與對組織都展現把變革「當成分內事」（ownership，按：在重視當責文化的組織中，這個字指的是「工作者將交出最終成果當成自己的事，絕不卸責」），而這正是要有進展必備的要件。

　　我們的經驗證明，如果行事得宜，當責可以帶來更透明、更開放、更強韌的團隊合作與信任、更高效的溝通與對話、更全面的執行與追蹤、更敏銳的清晰度，以及更精準的成果聚焦。當責應是那條最強韌的線，貫穿任何組織複雜的紋理。當責，是現今組織面對最重大的議題，對於那些推動企業全面變革作為的組織來說更是如此。打造當責文化，就是創造一個全員都能夠且願意獲取改變賽局成果的組織。

　　你或許讀過我們之前談當責與文化變革的暢銷書《前進翡翠城》（暫譯，原書名 *Journey to the Emerald City: Achieve a*

Competitive Edge by Creating a Culture of Accountability）。
在那本書裏，我們處理的主題是如何善用更強的當責以加速文化
變革，以利組織獲得眾人樂見的成果。自從《前進翡翠城》出版
以來，累積多年和客戶的深度合作經歷，關於如何善用當責以加
速文化變革，我們又悟出了更多心得。我們的客戶把當責流程文
化當成分內事，投入之深無人能比。其中有很多人還應用我們的
方法讓這套流程更上一層樓，在自己的組織當中創新文化並以滿
懷的熱情改造企業文化。

　　我們認為有必要和大家分享這段學習心路，同時推廣與打造
當責文化相關的最佳實作。為達成目的，我們不是單純修訂《前
進翡翠城》而已，而是改頭換面重寫並且全面更新。雖然我們仍
使用最初出現在前書裏的模型，但納入了嶄新的洞見、更深入的
理解和新客戶的案例，利用這些內容讓模型有血有肉。因此，我
們認為本書能讓你更能清楚理解，明白當責的最佳實作，如何為
你和你所屬的組織帶來新局。更重要的是，我們但願這本新書能
幫助你培養專業、領導力及熟練度，以**加速組織文化變革**。

　　就像之前的幾本書一樣，本書我們提供豐富的企業客戶案
例，以便為原則注入生命力。只要辦得到，我們會直接寫出企業
名稱。然而，有些低調的客戶喜歡隱姓埋名，由於我們極重視
客戶關係，因此尊重他們的意願，有時列舉化名案例，我們會
說明這是化名並且標示引號以隱藏客戶身分，例如「無名企業」
（CorpAnon，化名）。請放心，在這類案例中，我們只更動企業
名稱以保密，保證你讀到的案例描述都是真實的。

　　本書中，我們會讓你看到和打造C^2文化（C^2 culture）有關的最佳實務操作，包括B^2信念（B^2 belief）、R^2成果（R^2 result）和整套的文化管理模型、工具與技巧。說到文化變革，和生活中的多數事物並無二致，經驗確實是最好的老師，過去二十多年來累積的經驗，教了我們很多事，讓我們知道怎麼做有用、怎麼做沒用。**圖表A**彙整本書所講的一切。C^2最佳實務操作指引圖（C^2 Best Practices Map）提供的是最佳實務操作的概覽與摘要，你需要這些做法才能加速文化變革並長期維繫下去。

　　根據多年來和眾多客戶合作（其中有許多客戶是本書的重點）累積出的大量經驗，我們深信在操作得宜且能整合納入組織的前提下，這些C^2最佳做法確實有效。組織文化對於成果大有影響，用正確的方法推動文化變革，能加速影響力發酵，創造**改變遊戲規則**的成果。

　　本書談的是企業文化因子這條路，這是全面創造當責三條路的其中之一。當文化變革以當責為基礎，並採行特意設計的成果導向流程、以利創造出想要看到的成果時，你不僅能創造競爭優勢，還能得到讓你長久享有優勢的工具。接下來，這本書就要告訴你怎麼做。

　　讓我們在當責之路一同前行！

■ 圖表 A　創造當責文化的流程：C^2 最佳實務操作指引圖 ■

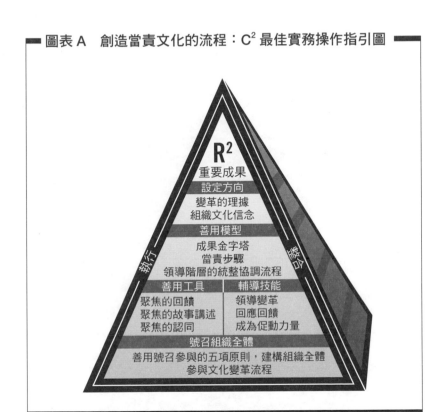

第一部

落實成果金字塔以改變文化成果

本書第一部要告訴你如何善用成果金字塔（Results Pyramid）加速必要的文化變革，以達成重要的組織成果。我們要將會告訴你如何落實成果金字塔的底部和頂部，以建立當責文化。在之後各章中，你也會讀到大量的客戶故事與案例，演示金字塔每一層中的成功最佳實務操作：成果、行動、信念與經驗。我們深信，你很快就會認同我們的基本前提，也就是當責文化創造了改變遊戲規則的成果。

第一章　打造當責文化

　　我們要從介紹核心信念下手：如果你不管理組織文化，組織文化就會管理你。我們說的**文化**是什麼意思？簡單來講，組織文化是指組織成員的思路與行事作風。每一個組織都有文化，可能讓你如虎添翼，也可能讓你如臨大敵，而且，這也是決定是成是敗的關鍵。妥善管理組織文化，好讓領導者、主管、團隊成員與員工，以必要的方法來思考和行動，最後，達成想看到的成果，這一點的重要性比起以往有過之而無不及。這件事並非可做可不做的自由選項，而是必備要項。想要把文化調整到最佳狀態，你必須關注每一個細節，如同你為了提升製造、研發、銷售和組織等績效所付出的努力。

　　經驗豐富的領導者了解，改革組織文化讓你能夠做到成長速度快過對手、打敗低迷的經濟景氣、革新組織的價值提案，或者在競爭中勝出的成就，可能就意味著改變整個賽局。妥善管理文化以創造出你渴望的成果，已經成為領導能力的要角與管理能力的核心。視而不見，你就要付出慘痛代價。

　　艾力斯醫療系統公司（ALARIS Medical Systems）的故

事，闡述了我們要表達的重點。你可能聽過這家公司，也可能沒聽過，但如果你曾經去過診所或醫院，你很可能用過這家公司的某些產品。艾力斯醫療是一家全球頂尖的醫療設備公司，生產並銷售某些在同類產品中獲得肯定的品牌。

艾力斯醫療的案例重點，在於一家企業如何扭轉組織文化，從而改變了賽局，大幅影響整體產業。最終，這家公司的股價在短短三年內，從每股0.31美元漲到22.35美元，營收的年成長率則達到15%，相較之下，在這個市場裏，競爭對手年成長率僅有3%。艾力斯最後被一家名列《財星》二十大企業（Fortune 20）的卡地納健康集團（Cardinal Health）收購，成為康爾福盛公司（CareFusion）旗下的核心成員；康爾福盛是從卡地納分拆出來的公司，也是全世界規模最大的幾家醫療設備供應商之一。艾力斯醫療系統的執行長戴夫・施洛特貝克（Dave Schlotterbeck）也是故事重點之一，他非常重視文化轉型的力量，認為這大大影響他一度認為是他四十年傑出職涯中「最困難的工作」。

我們和施洛特貝克初見時，他正在主導IVAC和IMED的合併案，組成了全球舉債比率最高的醫療設備公司（按：即艾力斯），年營收為3.5億美元，但負債有5.25億美元。在為艾力斯效力之前，施洛特貝克在製造業待了二十年，成功讓許多企業轉虧為盈。過去的經驗證明他善於此道，並且發展出一套他認為可不斷複製的「祕技心法」，讓製造業性質的組織表現達到最佳狀態。他因此善於清楚看出一家公司的問題，只要花點時間研究一些財務資訊凡事便了然於胸。他也學會辨識「草率系統」，找出

人們何時不夠專注、無法注意到細節。

　　施洛特貝克很早就學會了很基本的一課：想為一家掙扎求生的企業創造現金，你必須讓製造面達到最佳狀態。他知道就那些無法交出漂亮成績的企業而言，製造面通常是整體問題當中的一大部分。以艾力斯醫療系統的情況來說，也證明這個結論是對的。靠著自己辛苦累積而成的經驗，施洛特貝克一開始投注心力改善績效時，就去推動他知道能創造必要現金的行動，以解決艾力斯的負債累累。然而，早期這些本意在創造現金的作為，引發了讓人震驚的後果。就像施洛特貝克說：「後來變成我從未見識過的局面：這家公司實際上消化了我引導他們去做的事，最後耗盡現金！」

　　從這件事開始，艾力斯醫療系統受到質疑，這家公司如今看起來就像華爾街所流傳的：這是一家空有絕妙點子但沒有執行力的公司。施洛特貝克開始在執行改善時，花費大量的時間去處理細節，因此耗掉太多寶貴的時間，導致沒什麼時間經營業務。雖然他一開始努力要扭轉乾坤，但是這家公司仍朝著破產的命運邁進。隨著每個月20%的虧損不斷累積，施洛特貝克開始感到絕望。為什麼一切仍朝著錯誤的方向奔去？他覺得被困在一個無法逆轉、向下沉淪的惡性循環當中，每一分每一秒都變得更糟糕，而且顯然無力回天。

　　有一天，中午時他到辦公室旁的公園野餐，回來時和一位行銷部門的經理談起公司的困境。他們一邊走，一邊談起雖然公司的績效不彰，但還是有很多人努力創造成就。就在此時此刻，施

洛特貝克如獲天啟：想像一下，如果艾力斯醫療系統沒有這些人才，將會是多大的災難？還有，如果公司裏每位員工都是即知即行的人，將會獲得多大的成就？他開始思考，他們是不是能夠扭轉充滿危險的惡性循環，脫離現在陷入的深淵？思考過這番和行銷經理的對話之後，他得出一個無可逃避的結論：要提升績效，艾力斯需要新的文化，一套能持續培養出主動積極員工的新文化。

　　一直以來，他都知道組織文化是個問題，但直到這一刻，他才開始理解目前的行為與態度對於公司的營運成果有何影響。如今他完全認同，當員工避免冒險、而且由於擔心出錯時遭到犧牲（每一個人都大概心知肚明會發生這種事），之後完全躲開大好機會時，要付出代價的就是公司。

　　一家組織若大力懲罰失敗並禁止員工從工作中得到樂趣，要承擔哪些成本？當最熱情的員工躲掉和高階管理階層接觸的機會（因為這類接觸永遠只會造成負面經驗），資深管理團隊會失去什麼？情況愈來愈糟糕，但施洛特貝克卻比任何時候都更清楚一件事。

　　艾力斯醫療系統的文化助長了只想生存的心態；員工擔心如何自保，而不是如何創造公司需要的成果。當施洛特貝克判定他需要有人協助才能解決這個問題時，他開始大量閱讀，盡量去找所有談文化變革主題的參考書。

　　每個周末，他的妻子都會發現他在家裏走來走去，整個人埋首苦讀某一本關於組織文化的書。她不可思議地搖搖頭，並問：

「戴夫，你在做什麼？」

他則是眼皮連抬都不抬，捨不得暫離手邊的書，然後低語：「讀另一本關於組織文化的書。」

施洛特貝克後來發現一件事：「這些討論組織文化的書籍，寫法永遠都是『過去是那像、而現在是這樣，你看看績效方面發生多大的變化』，但是書裏從來不說實際上要怎麼做。」

當他開始讀《前進翡翠城》、也就是本書的前身時，他終於找到一直尋尋覓覓的聖杯：「這本談組織文化的書和其他不同，因為此書告訴我如何去做。」

施洛特貝克終於讀完《前進翡翠城》之後，他邀請我們親臨現場，幫助他落實我們提出的文化變革方法論，以扭轉艾力斯的文化，培育出積極主動的人才和團隊，執行策略並改善組織的績效。

經過深思之後，施洛特貝克做出決定，不再專注於財務績效。這家公司已經連續虧損三十個月，他知道，在可預見的未來，類似的財務成果無疑將會延續下去。過去十八個月，他一直聚焦於改善公司的財務績效，他熟悉這套流程彷彿熟悉自己的身體一般，但這也改變不了任何事。他說：「事實上，情況愈來愈糟，我也感到非常挫折。我為什麼要打擊自己呢？」

之後他不再陷入沮喪當中，反而選擇把心力放在改變組織文化，以身為主管和領導者來說，這對他來說是新的工作，而且顯然也並非艾力斯管理團隊的焦點。

成果金字塔

施洛特貝克和團隊成功落實的文化變革流程，會在之後詳述。他們所有的努力，是以一套簡單的模型為基礎，我們稱為成果金字塔。以文化變革這件事來說，簡單是好事。

事實上，我們要提醒客戶，簡單和複雜是一體兩面！簡單，並不代表力道比較弱、比較不好用或是比較沒效。事實上，正好相反；就是因為模型簡單，你可以在其中找到蘊藏的威力與精緻，在組織中啟動真正的變革。成果金字塔會讓你更能理解、改變並管理組織文化，幫助你達成你該負起責任創造的經營利潤成績。

成果金字塔呈現組織文化的三大要項（經驗、信念與行動），如何彼此協調，以創造成果。經驗孕育信念，信念影響行動，行動導出成果。組織中員工的經驗、信念與行動即構成組織文化，一如成果金字塔所顯示的，創造成果的便是文化。這段話值得一說再說：組織文化創造出你得到的成果。

如果說你和施洛特貝克一樣，需要改善組織的成果，我們推薦你應用我們在本書提出的文化變革流程，這套流程協助了施洛特貝克和艾力斯醫療系統，激發出公司所有員工的活力，並營造出成果導向（他們以最具說服力而且空前的方式交出好成績）的當責。

在本書中，我們將會檢視許多情況與案例，說明你要如何善用這套模型以加速文化變革。

在第一部，我們會告訴你如何實施文化變革；方法就是一次處理成果金字塔中的一個要項，並有效地將最佳實作落實到模型的每個層次上。

到了第二部，我們會介紹加速文化變革所必要的具體文化管理工具，也會告訴你如何把這些工具整合到組織的日常營運活動以及實際運作的管理流程當中。

無論主管是否有意識到，他們每天都在創造形塑組織文化的經驗。不管是提拔某個人或實施某種新政，還是會議中的互動或對回饋意見的反應，這些經驗都會孕育出「我們在這裏的行事風格是這樣」的信念，回過頭來，這些信念又會帶動員工採取的行動。

■圖表 1-1　成果金字塔

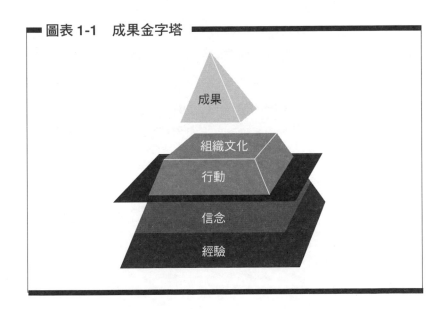

整體來說，員工的行動（當然有少數例外）創造了成果。實際上就是如此簡單，而且每一天每一分鐘都是這樣。無論你的組織是穩固健全還是需要改革，學會確認目前的文化確實能成為你的一股助力，將創造出大的競爭優勢。一向如此！

艾力斯的情況也正是這樣。在施洛特貝克開始投入心力帶動文化變革三個月後，他開始看到出現進展的徵兆，而這很快又演變成重要的轉捩點。雖然無法像平時看待財務指標那樣精準衡量變化，但他開始看到更多主動積極的態度，那是他和之前那位行銷經理想像過，希望在全公司上下見到的情況。員工開始「把事情做好」（而不只是「把事情做完」）。對公司裏的其他人來說或許不那麼明顯，但施洛特貝克看出來真正的變革正在發酵。但是，這能擊敗災難嗎？

可能沒辦法。往來銀行最終失去了耐性，希望這家公司宣告破產，艾力斯醫療系統在八種不同的情況下都無法履行其債務協商合約，導致懲罰性的利率高至16%，還得支付高額費用。就銀行而言，艾力斯醫療系統的情況「一如往昔」。施洛特貝克希望能改變這樣的印象，因此他飛到紐約和銀行家們會面，懇求他們多給一點時間。

在一場針對高到驚人的利害關係而安排的會議裏，他坐在長會議桌的尾端，包圍著他的是三十五位銀行家，他們都想知道自家銀行的錢現在怎麼了。他只有一個參考值，那就是他感覺到變革正開始在他的公司發酵，於是他宣告：「我們已經開始轉虧為盈了。」

那些圍坐在桌旁的銀行家們擠眉弄眼。有人大叫：「你瘋了嗎？你們還欠了一屁股債，而且你們也無法履行債務協商。我們認為這家公司應該破產。」

神奇的是，雖然手邊只有一項沒有數據佐證的資料，但施洛特貝克還是設法爭取到了多一點時間。

在此同時，施洛特貝克和他的團隊以成果金字塔為指引，要求每一位主管在過程中要營造正確的經驗，以孕育出期望中的信念，帶動最高效的行動，創造出大家樂見的成果。緊鑼密鼓推動文化變革的作為之際，管理階層也很快地讓公司每個層級的每個人都參與其中。短短六個月，隨著艾力斯醫療系統每個月開始出現正值的獲利，財務指標也開始轉正。

這些成果的本身以及其意義都是重要的經驗，強化了公司員工的信念，相信他們真的可以動手做事，並扭轉績效。大家覺得鬥志高昂，非常樂於竭盡所能以創造好成績。施洛特貝克也同樣充滿熱情。他清楚看出，惟有員工開始以文化為基礎付出努力時，財務狀況才開始有所改變。

艾力斯醫療系統的賽局規畫中，納入了一個創新的概念與產品，以提升病患的安全，並防範醫療保健供應商在藥物治療上犯錯。當市場積極接受這個概念時，大型機構也開始大量採購。如今完美無缺執行策略的這些人，基本上就是之前做起來跌跌撞撞難以上手的同一批人。對施洛特貝克而言，這真是石破天驚的改變。隨著艾力斯的狀況大幅改變，他最終得以從細節中脫身，專注於更大的格局，那就是企業本身。

　　由於艾力斯醫療系統建立起品牌，成為病患安全領域的高標，客戶終究樂於購買艾力斯出品的產品。

　　有一天下午，艾力斯安全中心（Alaris Safety Center）一位經理邁著大步，走進施洛特貝克的辦公室宣告：「有客戶想見你。」

　　施洛特貝克心想，**通常，這都不是好事。除非被惹火了，不然客戶一般不會指名要見執行長。**當施洛特貝克踏進會議室時，他看到一群臨床醫師和總護士長等著見他。

　　總護士長先開口了：「我有個問題想請教。」施洛特貝克想：「**唉，真的來了。**」

　　她繼續說：「請問你在貴公司做了什麼事？我們感到萬分佩服，想要效法貴公司。我們之前沒見識過這種事。」這個時候，施洛特貝克知道艾力斯已經完全把文化變革內化了，因此客戶才能像他一樣看得清清楚楚。從那天起，這一群特地前來表達欽佩之意的人，變成該公司最大且最好的客戶。

　　施洛特貝克從來沒有真正和銀行家與財務分析師談過文化變革，因為他們認為這些只看數字的人會鄙視這類軟話題。不管這是不是真的，但每當有分析師來拜訪這家重生的企業時，他們一定會問：「這家公司到底發生了什麼事？」只要聯繫過艾力斯，每一個人都可以看到改變。這家公司達成甚至超越了財務目標，成為聖地牙哥地區的首選雇主，引來許多高階主管觀摩，希望親自見證當時擁有業界最佳實務操作，而且員工士氣高昂的製造業組織。

　　施洛特貝克也避免和董事會談起這個文化變革專案，這是因為，至少，在一開始時他認為自己無法說服他們，在萬分艱難的時刻還要投資這樣的軟策略。當然，兩年後，當艾力斯的股價從每股0.31美元漲到14美元時，他就不大需要推銷了。現在員工都成了英雄。沒有什麼能比獲利數字更能取悅董事會了。

　　更棒的是，全球數一數二的醫療器材公司卡地納健康集團斥資20億美元，買下這家市值1,500萬美元的公司。這代表從施洛特貝克及他的團隊開始改造艾力斯的文化那天算起，到公司賣給卡地納健康集團為止，股本的投資報酬率為驚人的七倍。如今，這家公司的科技與產品每年保護了全球逾150萬名病患。他們是怎麼做到的？施洛特貝克和他的艾力斯團隊打造出了一種文化，讓員工可以完美地執行改變遊戲規則的策略。

　　他們創造出眾人夢寐以求的成績。他們改寫了遊戲規則，孕育出的文化充滿了積極主動的員工與團隊，這些人可以落實公司的策略，提升公司的績效。艾力斯醫療系統最後得到的成果是：業界難以匹敵的績效。我們的領導夥伴企管顧問公司（Partners In Leadership）得到的成果是，又一家開開心心的客戶，又一個可供報導的超棒案例研究。本書要說的，便是像施洛特貝克這樣的人、像艾力斯醫療系統這樣的公司開始以知識、文化和可加速變革與創造成果的方法來管理文化時，會發生什麼事，藉此介紹一套經過驗證的策略，以激發出員工的活力並建立起成果導向的當責文化。

　　我們協助過成千上百家如艾力斯醫療系統這樣的公司，落實

文化變革的行動，創造出類似的改變遊戲規則成果。我們與企業的合作涵蓋各類重要產業，還包括全球某些績效最好的機構，這樣的經驗在在證明了我們的主張：如果能變革文化，將能改變賽局。在之後的篇章當中，你將會看到很多像施洛特貝克一樣的人們，做一樣的事情。

組織文化的四大中心思想

不管大機構還是小組織，我們提供協助時，通常會聽到兩個問題：

1. 如何以能為組織創造成果的方式改變文化？
2. 如何以夠快的速度提高獲利？

答案就是要善用成果金字塔和相關的方法與工具；這套方法能讓任何規模與類型的組織，都能執行與整合必要的文化變革，以創造競爭優勢。但是，在繼續談下去之前，我們想先強調組織文化的四大中心思想：

- 領導者必須建立必要的文化
- 文化創造成果
- 最高效的文化即是當責文化
- 成果金字塔會加快文化的過渡轉化並帶來競爭優勢

我們沒碰過哪種情況讓這些中心思想無法成立。正因如此，我們努力及早把這些道理講到透徹。我們堅信，了解且接受這些想法的領導者與主管，能夠用比較輕鬆且快速的方式培養出管理組織文化的領導能力。領導者必須管理文化。文化確實能創造成果。當責文化是最高效的文化。能建立這種文化的企業，將能獲致他們想要也需要的成績。

領導者必須建立自己需要的組織文化

如果你不管理組織文化，組織文化就會管理你。在工作上，我們不斷接觸到因為組織文化而感到無所適從的人，而且每一個層級都有。他們所屬組織的文化，妨礙了他們為了達到成果而付出的努力。他們渴望更以客為尊，但做不到。他們渴望多元，但沒有能力打造。他們認同必須遵循法規，但守不住。他們做出計畫追求成長、品質、生產力與獲利，但最後都因為沒有績效而失望。當文化無法發揮作用時，就變成一道阻止人們達成目標的難以克服障礙。

每家企業都有文化。不管好壞，文化可能出自於有條理的努力打造而成，也有可能是無意中發展而成。無論是否以特意設計的流程來孕育文化，你都必須自問一個最重要的問題：「如果組織裏的每位同仁，持續以今天的方式思考與行事，你是否能期待達成你需要達成的成果？」組織領導者在回答這個問題時，答案都是一面倒，而且還引發迴響：「不！我們必須改變我們的思考與做事方式。」

你的組織文化能創造出你承諾過的成果嗎？能夠達到未來你需要的成果嗎？如果你認為沒辦法，那麼，文化變革就不是一個看你要做或不做的自選項，反而是必須這麼做的要項，而且你需要現在就開始動手。身為組織領導者的你，必須先採取行動。你或許有點想指派一名「文化長」就算了，但領導團隊這麼做等於自我放棄最重要的一項責任。文化不能用「一勞永逸」的單發事

件完成變革，也不能交辦給人力資源部門。

根據長年的經驗，我們知道領導團隊必須一肩挑起改變文化的責任。培養領導長才以加速高效的文化變革，並在之後長期維繫文化，是領導者必須扮演的永久角色。任何人都無法置身事外；組織裏的每一位領導者，必須投身於打造組織文化這件事。

無法管理文化的領導者發現，或早或晚，當賽局改變（遊戲規則永遠都在變）時，他們被迫苦苦追趕；一旦發生這種事，永遠都要付出高昂的成本並承擔高度的風險。只要看看美國的汽車業就知道。

以通用汽車（GM, General Motors）為例，過去幾十年遊戲規則劇變，這家一度獨占鰲頭的車廠發現，自家的市占率從50%大幅滑落到20%。

2009年6月1日，小愛德華・惠塔克（Ed Whitacre Jr.）在美國政府欽點下，成為通用汽車的董事長（同一天，通用汽車根據〈破產法第十一章〉〔Chapter 11〕申請破產），接下這項沒人眼紅的任務，改革如一灘死水的通用汽車文化，好讓這家企業再度有能力競爭並且爭贏奪勝。

在和通用汽車員工進行第一輪會談時，這位前任AT&T的老闆對通用汽車員工說，他期望在十二個星期內看到公司裏出現明顯可見的正面改變。他堅持，主管要為了能有實質的進展而負起責任，立即修正通用汽車的缺失與不當。通用汽車一向在死氣沉沉文化裏和稀泥，最大特色是官僚決策、由委員會集體管理、個人不負責任而且恐懼承擔風險，對他來說，這是一大挑戰。

惠塔克確信，如果不能大刀闊斧改革通用汽車的文化，這家公司永遠無法扭轉破產前幾年累積下來的800億美元損失，也因此將毫無希望翻身。

美聯社（AP, Associated Press）一篇文章報導了惠塔克傳達給通用汽車員工的訊息：「做出決定，敢冒風險，快速行動，擔當責任。」一如施洛特貝克，惠塔克也體認到一定要改變，因此推動文化變革。他同樣也需要一個處處都有即知即行員工的組織。通用汽車的董事會非常欣賞他所做的一切，後來請他接下執行長一職。他是否能順利完成這項艱難的任務，讓通用汽車這頭笨重的大象學會新把戲？

對通用汽車來說，這是一場得苦苦追趕的賽局，但如果惠塔克能把改革企業文化的能力發揮到淋漓盡致，他注定會贏。從商業上來說，學習管理文化最好的理由，便是這項基本管理工具能帶領我們走向下一個原則。

組織文化創造成果

組織文化決定你能得到哪些成果，你想得到哪些的成果則大致上決定了你需要哪種文化。文化影響成果，成果仰賴文化。領導者可以根據任何預期中的成果來打造企業文化：主導市場、銷售成長、技術精良、與客戶輕鬆互動、打造同級最佳品質或是賺得穩定的獲利，凡此種種，一言難盡。一旦你明確定義出目標，就必須快速行動，打造出能產生正確經驗、信念與行動的文化，以利達成目標。

有一家知名的零售品牌，為了遵守對方希望匿名的要求，我們姑且稱為「羅蘭史密斯」（Lauren-Smith，化名，以下簡稱為「羅史」），他們的領導者持續達成績效目標。公司的業主們對資深主管說得清清楚楚，他們要擔起責任解決問題並獲得成果，如果他們解決不了，那就是「沒在做事」。

為了能編製出色的報告並放在業主的辦公桌上，一項原本很務實的做法在該公司的文化中卻演變成了「波坦金訪查」（Potemkin visit）；說起這個詞，會讓人想起據說由波坦金將軍（General Potemkin）的軍隊所打造的美麗但虛假的小村落，十八世紀時在俄羅斯各地不斷移來移去，藉此欺瞞凱薩琳大帝（Catherine the Great），讓她誤以為俄國征服的克里米亞地區（Crimea）繁榮富裕，但實際上此地近乎一片荒涼。

在「羅史」企業，當高階主管要進行查核，以確認公司產品

在店內有得到具優勢的展示位置之時，主管們會選擇能集結成群的店面，規畫成一條通往機場的直線，盡量減少任何不利的障礙，以便（但願）平安無事快速完成查核。任何有別於預先規畫路線的意外，可能會使得銷售部門的員工丟掉飯碗。由於事先能獲得通知、獲悉每一次事先規畫好的店面查核，特定區域的銷售部門員工會急急忙忙衝到店裏，擺出讓人驚豔的商品展示，營造自家品牌一直都按照預定方向強打的假象，但在店面訪查幾個小時內，這些展示就會消失。

此外，銷售部門的員工也被告知，在店面訪查期間絕對不要提出任何麻煩的議題或問題，因為管理階層並不是來這裏解決問題，而是來看看一切的進展是否比照規畫。

有一個例子凸顯問題的嚴重程度：在「羅史」舉行北美銷售大會師時，銷售部門的人在會場50英里內的每一家店都玩了同樣的把戲。這些人從全美各處飛到這裏，就是為了演這場戲。一切都很順暢，但是讓公司花掉約40萬美元的免費發送商品成本！得到的結果是：在呈送給高階管理階層的店面訪查報告上得到完美的分數。從高層的觀點來看，顯然所有問題都解決了，自家品牌在店內占到的位置就和規畫中一模一樣。

出於好奇，我們最近請教一位曾在「羅史」企業達三十五年的員工，他是否還在從事「波坦金訪查」？這位老員工笑答：「當然！我前兩個星期才做足準備，弄好我們昨天才完成的訪查。」

你可能會問，這種事怎麼可能年復一年？管理階層不會有任

何人好奇，為何稽查期間區域內二十家店面永遠都能拿到滿分？顯然沒有。「波坦金訪查」已經成為企業文化的一部分。

　　想像一下，如果這家公司能夠消滅這樣的無效率，不同的文化能產生什麼樣的成果？調整組織文化至最適狀態、以利營運達到最高績效，永遠都能創造出競爭優勢，這一點驗證了我們的中心思想：最高效的文化，就是當責文化。

最高效的企業文化，就是當責文化

我們的第一本書《當責，從停止抱怨開始》（本書繁中版舊名為《勇於負責》），後來成為職場當責的經典，因為人們確實體認到，如果方法正確，更強的當責可以讓最後的利潤數字完全不同。《當責，從停止抱怨開始》提供了一份隨手可得的指引，讓你針對自己、團隊和組織建立當責。

《當責，從停止抱怨開始》傳達的核心訊息，是當責步驟（Steps to Accountability）。當責與不當責的思維與行事間有一條很清楚的界限，可以區分出兩者。在這條水平線以上就是當責的四個步驟，包括正視現實（See It）、承擔責任（Own It）、解決問題（Solve It）與著手完成（Do It）。在水平線以下則是大家都太熟悉的怪罪遊戲（Blame Game）或被害者循環（Victim Cycle）。

當責步驟引導出「水平線上」（Above the Line）的行動與思維，怪罪遊戲則帶來「水平線下」（Below the Line）的做法與想法。

正如你可能會想到的，當不同的人持續套入這兩種大不相同的思維與行事模式，會創造出截然不同的文化，表現出有別以往的績效水準。

我們發現，一貫遵循當責步驟的人，幾乎總是根據當責原則思考行事。同樣的道理，無法採行這些步驟的人，會陷入怪罪遊戲，成為自身無法掌控的外在環境的犧牲者，他們無法踏上創造

成果的當責之旅。

　　我們應該說明的是，跑到「水平線下」並非不可饒恕。每個人都會這麼做，這是人性。其實，我們偶爾都會發洩對於路障的不滿或是大罵不在自己掌控之中的情境，這麼做還會對我們有好處。

　　然而，如果一直卡在「水平線下」，就更聚焦在我們做不到什麼、而不去看有哪些是自己做得到的事。若是這樣，我們就會把眼光放在眼前的障礙上，而不是能夠做什麼以越過障礙、得到想要的成果。

　　習慣待在「水平線下」的人，不會有成績，他們會愈來愈沮喪、愈來愈無力。他們大概從未從在工作上得到滿足感。他們所屬的組織、團隊以及他們自己的職涯都前途堪慮。

　　活在「水平線上」的人接受自己是解決方案的一環，而且也必須如此。他們鎖定自己能做什麼以獲得成果，而不去看無能為力的部分。他們尋找充滿創意的方法以因應障礙，他們認為阻力是造就偉大的契機，而不是失敗的藉口。

　　在「水平線上」的人，會向前邁進、創造成果，並且在工作中得到滿足。他們自己以及所屬的團隊與組織，也會成果凡非。

　　簡單來說，你待在「水平線上」的時間愈長，將愈能獲得出色的成果。組織待在「水平線上」的時間愈長，成績也就愈好。

　　「水平線上」的當責，是當責文化的基礎，身處在當責文化中的人們，則會承擔責任，會用必要的方式思考與行事以利組織取得成果。其他類型的文化都無法如此有效確保成功。若貼近觀

察任何持續展現高績效的組織，你將會發現，裏面有很多人都把這項基本的核心職能發揮到淋漓盡致。同樣地，檢視持續績效不彰的組織，你也會發現裏面的人在「水平線下」呻吟。不熟悉我們這套正向當責做法的人，通常在組織裏誤解或誤用了當責。

回想一下，最近一次你聽見有人問：「誰該為此負責」時的情境。對方說這句話時，是為了要判斷誰應該為了好績效而獲得獎賞嗎？可能不是。在我們的培訓工作坊研討會裏，來自世界各地的人都說，當責是事情出錯時才會發生在他們身上的事。對他們而言，當責的重點在於懲罰，而不是授權。然而，幾乎每一個人都同意，如果理解正確並妥善運用，組織裏的每一個人愈是當責，就愈能大幅提振組織目前與未來的成就。

當組織裏每個角落裏的每位成員均能夠自己做出決定採行當責步驟，當責文化便成形了。每一個步驟都以前一個步驟為基礎，並且帶入採行這些步驟真正需要的最佳實務做法。

正視現實

意指每當你面對一項新挑戰時，你是要走到「水平線上」，還是留在原地不動。當你正視現實，你就會持續從別人的觀點來看事情，開誠布公進行溝通，要求回饋並提供回饋，並傾聽能讓你看清事實的逆耳忠言。組織內部都套用這些最佳實務做法，從長官到部屬，從一群同仁到另一群同仁，從一個部門到另一個部門，然後到所有同仁皆如此。這些做法幫助你勇敢承認現實。

承擔責任

意指你這個人要投入，從成功當中、也從失敗當中學習，調整工作以契合公司想要獲得的成果，並根據你得到的回饋行事。當你承擔責任，你會根據任務及組織的優先順序調整自己，並接受這些事都是你的本分。當成分內事，靠的是把現狀和你過去做的事串連起來、以及連接你未來想要達成的狀況與你將要做的事。承擔責任這一步，是真正的當責核心。

解決問題

要做到這一點，就必須持續努力，在達成目標的路上遭遇阻力時不斷掃除障礙。當你採行這一步時，你會不斷地問一個問題：為了創造成果、克服障礙及有所進展，「我還能做什麼」？解決問題包括克服跨部門界限，以有創意的方法破除阻礙，並甘冒必要的風險。你不能跳過這一步。

著手完成是流程中的最後一步，代表前三個步驟來到了最高點：一旦你正視現實、承擔責任並解決問題，你必須著手完成。這表示，你要說到做到，聚焦在最優先的事項上，留在「水平線上」而不怪罪他人，並且維繫一個充滿信任的環境。你可以做足前三個步驟，但講到要留在「水平線上」並獲得成果，你就必須採取關鍵第四步、也就是最後一步，著手完成。

如果每一個人都採行當責步驟，整個組織就會拋開錯誤想法，不再認為當責代表「有人抓到你失敗了」，轉而朝向更正面的取向，授權給成員讓他們把交出成果當成自己的分內事，開始

「在解決方案中扮演主角」。我們當然可以針對當責文化中的其他特色進行分析，但在這個階段，我們建議你簡單就好。在當責文化中，人們會挺身而出，努力工作以解決問題並獲致成果。他們樂於這麼做，並非因為有更高層的權威人士下令，也不是因為他們害怕不這麼做的話會自找麻煩。他們行動，是因為公司裏的主管與領導者在刻意特意的配套規畫中，使用了成果金字塔，盡可能打造出最佳的成果導向文化。

運用成果金字塔以加速組織文化變革

　　在一個贏者全拿的世界裏，以獲取商業成就來說，加速變革過程極為重要。不管你信不信，你都可以及時引導文化變革，藉此改善組織目前的重要商業成果。本書會清楚地告訴你怎麼做到。

　　具體來說，本書將會為你提供必要的工具，讓你堅定且快速地行動。這套過程引發的結果從小幅改變到文化大翻新都有可能，會由你所屬企業目前的文化特質來決定。

　　你需要做點改變，讓身處你所屬文化中的人轉換思考與行為方式嗎？多數企業都是。改變之必要，可能是出於必須改善績效，也可能是預先看到了商業環境劇變，或是為了回應條件變化。無論理由為何，每一次當你需要進行變革時，成果金字塔有助於清楚理解你該做什麼，並幫助你進行傳播溝通。

　　圖表1-2說明了要從目前的成果（R^1）變成眾人樂見的成果（R^2），需要哪些改變。R^1不同於R^2，或許是因為要達成的目標數值更高了，經濟環境更艱困了，競爭更激烈了，市場已經不同了，或是基於任何其他不同的情況導致標準又高了。請記住，根據定義，文化將會創造成果。你不能期待用目前的文化（C^1）來創造未來想要的成果（R^2）。反正就是行不通。

　　我們必須強調，在多數情況下，目前的文化C^1並不是不好的文化，惟，這樣的文化無法創造出R^2。新的文化C^2，一定都是以C^1的優勢為基礎打造而成。然而，要達成R^2，目前的文化

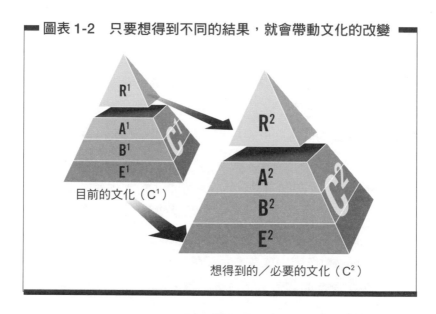

圖表 1-2　只要想得到不同的結果，就會帶動文化的改變

R¹
A¹
B¹
E¹
C¹
目前的文化（C¹）

R²
A²
B²
E²
C²
想得到的／必要的文化（C²）

必須要有些改變，才能激勵成員用必要的方式來思考及行動，以利達成想看見的新成果所。多半時候，這並不代表要徹底蛻變你的文化，相反地，這意味著過渡轉化，是比較溫和的文化變革。

　　請記住一件事：試著從C¹當中淬鍊出R²，是辦不到的。你不能期待舊有的文化神奇地揚棄了原有強力、持久且既存的特質，並創造出新的成果，從來沒有這種事。

　　要達成新的R²成果，你必須建立能產生這些成果的C²新文化。你要做的，是定義成員的思考（新的B²信念）以及行事（新的A²行動）需要哪些改變，然後提供新的經驗（E²），幫助他們採納你想看到的信念與行動。

　　文化，是領導者能創造成就的強大工具。文化的力量，來自

於文化既留存在個人的影響力之中、但同時又超越個人的影響力。

　　有位執行長說的好，他對資深管理團隊說：「我要談一談，我何時才理解到企業文化真有其事。在我的事業生涯早期，我在義大利的關係企業裏待過一陣子。一段時間後，我前往另一個國家另述新職，便和義大利這邊斷了聯繫。五年之後，我回到義大利，團隊裏沒有半個熟面孔：流動率是百分之百。但是，公司裏的文化還是一樣。文化沒有任何變化，但人事已非！」這是真的，你可以換掉所有的人，但企業文化依然絲毫沒有改變。

從整座金字塔著手

文化具有力道跟韌性，這一點解釋了為何主管常用來改善成果的戰略通常沒用。從引進新人、新科技到新策略和新架構，這些常見的修修補補，就算有用，多半也只在行動層次。太常有的情況是，領導者嘗試改變成員的行動，卻沒有改變他們的思維（亦即他們的信念）因此，領導者得到了遵循，但得不到承諾；得到參與，但得不到投入；得到了流程，但得不到持續的績效。

圖表1-3說明當你開始要改善績效時會出現的障礙，以及僅將注意力放在金字塔的上層（即行動與成果）會犯下哪些太常見的錯誤。只從最上面兩層下手，你就忽略一件事：人會思考，而且人們會因為很多其他理由而去思考自己的行事方式；你沒改變的兩項因素，卻是對績效造成根本影響的兩項：經驗與信念。

■ **圖表 1-3 常見錯誤：僅從金字塔的上層著手** ■

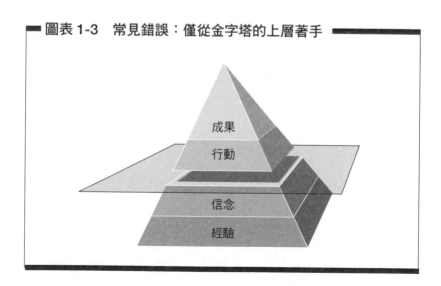

　　從金字塔的底部著手，能引發更顯著、更持久的變動，但也需要付出更多心力。要加速文化變革，領導者必須同時運用金字塔的頂端和底層。我們發現，領導者傾向從金字塔的頂端著手，因為看來比較容易入手。他們假定，由於行動和成果比較具體，而且比較看得到，因此動起手來比較輕鬆。然而，學過如何運用位於底層的信念與經驗的人都知道，這兩者也同樣具體而且顯而易見。雖然每個人都能學會，但需要強大的勇氣才能獲得必要的回饋，以挖掘出成員真正相信什麼，並創造必要的經驗以影響他們的行動。

　　就像之前提過的，我們發現，用兩個截然不同的步驟來思考加速文化變革，是很有用的方法，這兩個步驟即是：執行與整合。

　　在執行的第一階段，你要解構文化。管理團隊要對於目前文化 C^1 的優劣了然於胸；他們要一起檢視構成目前文化的經驗（E^2）、信念（B^1）與行動（A^1），並仔細思考需要做什麼來變革文化。

　　在執行的下一個階段，他們要重新建構文化。現在，團隊要思考當前的商業環境，並定義組織的 R^2。他們也要判定能建構出 C^2 的是哪些經驗（E^2）、信念（B^2）與行動（A^2）。

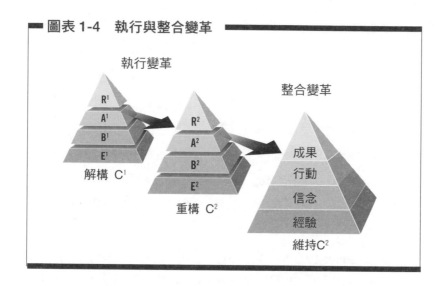

圖表 1-4　執行與整合變革

執行變革

整合變革

R¹
A¹
B¹
E¹
解構 C¹

R²
A²
B²
E²
重構 C²

成果
行動
信念
經驗
維持C²

　　下一步是要將文化變革整合進入目前的組織體系與流程中，從而維繫 C^2 的變革。在這個時候，團隊能應用我們之後在本書會說明的文化管理工具，這些工具可以加速並強化欲見的轉變。加上一點點訓練，組織的領導階層就能精於創造 E^2，以維繫與強化為人樂見的 B^2 信念。在這個步驟，領導者要監督文化，以持續將焦點放在成果上，以及放在為獲致這些成果必要的行動和信念上。

　　最後，在變革與維繫文化的過程中，你必須讓組織裏面的每一個人都投身其中。一旦你獲得了動能，將會發現某種程度上，文化變革會自我強化。成果（R^2）的本身和其意義，便成了奠下根基的經驗，強化了文化變革作為至關重要的信念，應該是每一個人都應持續關注的最優先事項。

建立當責文化

　　就經驗而言，我們看到的是當責極為重要，恰如人們在工作的其他面向上的所作所為。當責，代表每一個人都許下了自己的承諾，要為組織創造成果。當你在讀本書中提到的故事時，你將會看到當責文化以非常高效的方式自我證明。在這樣的文化中，人們會覺得自己有責任要以能創造成果的方式來思考與行事。他們隨時隨地都這樣做，無時無刻。他們總是持續自問「我還可以做什麼？」，以便改變文化並創造組織整體必須獲得的成果。

　　建立正確的文化並非可有可無的選項，而是企業的必備要項。就像施洛特貝克和他的團隊在艾力斯醫療系統學到了該如何變革文化，同樣的，你也可以學會精熟於相關的知識與技能，幫助你執行與整合文化過渡轉化，創造出你想達成的成果。加速轉型能培養出競爭優勢，而這樣的競爭優勢能改寫遊戲規則。我們一開始將從金字塔頂端著手，以理解如何定義文化變革的成果和階段，從這裏展開整套流程。

第二章　定義出想看到的成果以引導變革

　　建立當責文化始於金字塔上層。本書的第一個步驟，就是要清楚說明你要達成的 R^2 成果是什麼。坦白說，除非你意在提升組織創造成果的能力，否則的話，啟動任何建立文化的活動或流程都無意義。

　　什麼是建立正確文化的最有力理由？那就是組織文化創造成果。

　　「歐普斯光學」（Opthometrics，化名）公司是我們的客戶，這是一家備受敬重的矯正視力產品零售商，他們提供了強力的證據，證明了我們的主張沒錯。「歐普斯光學」好幾年都能創造出穩健的業務成果，但之後遭逢嚴重的經濟下滑，帶來挑戰。雖然公司已經採取多項行動以改善成果，但數字還達不到理想。在流程初期，「歐普斯光學」請來兩位以實地管理傑出聞名的領導者，這兩人都相信，為了改善成果，他們需要從組織文化下手。

相關的作為從品牌領導團隊開始，他們在幾個營運績效面向上根據 R^2 進行調整。目前的商業模式的成果（R^1）差強人意，因此必須改變。「歐普斯光學」在5%店面進行一次試行活動，應用本書提到的原則與實務操作。

懷疑論者眾多，團隊必須說服這些人改變文化確實能改變成果。每一個人都同意，一次成功定義明確的試行測試，將會讓結論一翻兩瞪眼。基本原則是，試行測試需要證明文化對業務大有影響，之後企業才能做出繼續邁進的決策，在全球所有零售店面推出文化變革行動。團隊同意，若試行測試的店面改善幅度不到2%，那就觸動了叫停的決定。改善幅度若落在2%到5%，則代表需要進一步評估。但倘若改善幅度到達5%或以上，則代表自主啟動後續的文化變革，而且全面普及。

確立了何謂成功的標準之後，他們也精準地提出要如何評估績效改善。他們不要冒任何風險將時間與資源浪費在組織文化上，除非試行測試達到成功的標準。

經過前兩個月之後，成果的改善幅度已經達5%以上。結果不容爭辯：改變文化，大幅提高該零售品牌的能力，有利於創造想見到的 R^2 成果。

在「歐普斯光學」，隨著試行測試店面裏的員工從不同角度思考、從事日常工作，文化也開始快速變化。這家客戶以試行測試的結果為本，最後展開了全公司的行動以變革文化，這樣的發展也就不需要訝異了。

以 R^2 結果為核心統整協調

任何真心想加速文化變革的組織，都能因為以關鍵 R^2 成果為核心進行統整協調，因而獲得類似的益處。這是因為關鍵 R^2 成果能帶動企業的活動、能量與作為，但你不能光假設組織會逕自根據成果調整到一致；你必須在上上下下特意調整並有意維繫。

如果你知道九成的管理團隊無法完全一致說明哪些是組織必須達成的關鍵成果，會覺得意外嗎？舉例來說，有一家和我們合作的企業，是美國西南部一家成長迅速的區域型速食連鎖店，名為「快烤」（Fast Grill，化名），該公司正在規畫啟動大規模的全國性擴張行動，但前提是必須先提升利潤率。

在規畫會議中，我們問「快烤」的主管：「以組織整體來說，你們最需要達成的三項關鍵成果是什麼？」團隊裏的每一個人都回答：「利潤率。」起初看來，他們已經以這項成果為核心調整到一致的步調。但隨著開始問題移到下一題「那麼，數字是多少？」表面上的一致就消失了。有一位高階主管大聲說：「5.5%。」另一位馬上表示異議，報出「3.5%。」下一位帶著一絲惱怒地快速回答：「我還以為我們都同意是 7.5%。」

我們轉向很專心聽著討論的執行長，認為她可以化解歧見，釐清數據。當我們問她數字是多少時，她很巧妙地回答：「介於 3.5% 到 7.5% 之間。」她不顧眾人哄笑，繼續說：「容我說明：3.5% 是我們對母公司說可以達成的標準，5.5% 是我們自認可以

達成的標準，7.5%是我們的高標。」

不管你信不信，上述情形並不是特例。不清楚要達到什麼成果，在多數組織裏根本習以為常。

「快烤」團隊的困惑留了一條門縫，使得成效不彰的執行得以趁虛而入，引來「水平線下」的行為，破壞高效文化變革據以為憑的基礎。因此產生的困惑讓人們有藉口維持現狀，不認為自己有責任把需要變革這件事當成本分事，困惑也扼殺了任何文化變革作為的動能，因為任何人都沒有信心要往哪個方向走。

當人們在文化變革期間落入「水平線下」時，就看不到他們還能做什麼以提升公司績效並創造成果。落到「水平線下」不僅妨礙進步，還會使得文化變革胎死腹中。

當我們私下和「快烤」的總裁討論時，她告訴我們母公司早已清楚布達需要達成的績效目標。

事實上，母公司說，如果這條連鎖餐飲系列無法達成特定目標，他們很可能會出售。母公司也強調，在大集團的事業組合中，類似的連鎖餐廳都正在達成預期的報酬率。

由於執行長知道團隊認為母公司的期待不切實際，她不信手下的團成員能在目標上達成一致。我們問：「你們必須交出的利潤率是多少？」她回答：「5.5%。」雖然一直做不到，但她承認他們確實有必要達標，而且要快。她也同意，如果不能改變員工在達成毛利率這件事上的想法和做法，從高階管理階層到基層員工全公司上下煥然一新，就不可能達5.5%的利潤率。

接下來幾個小時，我們和資深團隊成員一起奮戰，讓他們能

在這個 R^2 關鍵成果上達成一致,並決定他們需要改變哪些文化才能達標。首先,他們決定不再對整個企業發送渾沌不明的訊息,開始用具說服力的方式對每一個人傳達相同的關鍵成果。他們承諾,保證讓每一位員工的日常工作和他們需要達成的 R^2 成果都能連起來。

幾個月內,企業內部的一致性查核證明,組織內部每一個層級以及每一家餐廳的人員都知道而且接受 R^2。

一次隨機的餐廳訪查也顯示,就算是忙著服務客人的員工,也知道利潤率目標是多少。被問到自己做的工作是什麼時,他們會回答:「我的工作是要達成5.5%的利潤率,我的做法如下:我整理與安排餐桌的速度愈快,每小時的翻桌率高。翻桌率愈高,我們的貢獻就愈大。我們的貢獻愈大,利潤率就愈高。這就是我的工作。」這個答案講得鏗鏘有力、發人深省且清楚明確,正代表了「快烤」需要的文化變革。

明確釐清幾項 R^2 的關鍵成果並達成高度的一致性之後,「快烤」得以進行一次文化過渡轉化,基本上改變了他們的賽局。在十八個月內,這家連鎖餐廳的利潤率成長200%,來到7.5%。他們繼續推展全國性的擴張行動,以多數指標來說,都是所屬產業類別的頂尖品牌。最後,另一間全球一流的休閒餐廳公司買下「快烤」;買方在業內素有「休閒餐廳共同基金」的稱號,他們擁有的餐廳組合成功創造出正值的現金流與獲利。

定義成果，以獲得成果

在我們繼續談下去之前，該先說明一下。我們用**成果**（result）、而不用說**目標**（goal），因為**成果**暗指的是你將要達成的或是你已經達成的。反之，**目標**指的是你希望看到的，但不見得能達成。目標多半有帶著期待而且是方向性的，而非絕對性的。

說到獲得成果，就讓人想起美國南北戰爭時發生在蓋茲堡（Gettysburg）的小圓頂戰役（Little Round Top）。在這場為時三天的歷史戰役中，南軍（Confederate）第二天迅速推進、拿下蓋茲堡成後方的高處時，北軍（Union）移進了一處具有戰略地位的山丘，名為小圓頂。如果拿下這座山峰，南軍便能享有優勢，瞄準整條北軍戰線設置的火炮。緬因州第二十步兵團的上校約書亞‧羅倫斯‧張伯倫（Colonel Joshua Lawrence Chamberlain），就負責保護這關鍵的防禦位置與北軍的側翼。

張伯倫上校收到命令「不計一切代價守住此地」，這是很明確的關鍵成果；當南軍設法削弱側翼並奪下這座山時，他和手下擊退了多次敵軍的猛攻。一波又一波欲擊潰北軍陣線的猛烈砲火與激進企圖，幾乎讓人無法招架。要以只有原始兵力一半的人以及少數彈藥守住此地，看來是不可能的任務，面對此一情境，曾在班戈神學院（Bangor Theological Seminary）擔任過教授的張伯倫上校，最後的手段就是訴諸用刺槍拚搏。這項大膽的戰術突破了南軍的戰線，保護了北軍的側翼。張伯倫了解且接受他要達

成的定義明確成果：「不計一切代價守住此地。」明確的成果導引出明確的行動。必須戰到最後一兵一卒為止，退卻並不在選項中。

管理階層團隊通常無法傳達他們真正所指的R^2成果是什麼。有個案例很值得一提，有一家位在墨西哥的保險公司「聯度」（Unido，化名），其領導階層確認必須協助在市場上衝鋒陷陣的保險經紀代理商提高業務產能，因此開發出一套軟體，可以簡化申請並提高50%的產能。

這家保險公司希望掃除系統中的無效率，提高在市場中的競爭力。「聯度」保險公司大張旗鼓推出一套新系統。他們可是在這個專案上投入了大量的時間與金錢；事實上，這是該公司有史以來金額最高的單筆資本投資。

在建置完成後的會議上，資訊科技部門自豪地宣稱這套新系統高效、穩定，而且絕對有助於提高35%的產能。這可是大大的成功吧！是嗎？在此同時，身為系統主要終端使用者的銷售管理團隊，宣稱這套系統失敗了，因為無法達成預定的提高50%產能。

不管你信不信，領導團隊從未告知資訊科技部門預計要提振50%的產能。基本上，資訊科技團隊花了十二個月，卻開發出一套設計上低於目標水準的應用系統。讓人訝異的是，我們不斷聽說這種事，這些案例凸顯需要一些有意特異的作為，以有助於創造成果的方式來定義成果。這也正是釐清與溝通R^2的重點。

何時必須大幅變革文化，才能創造新成果？

從定義上來說，當整體組織需要的成果無法由目前文化C^1的想法與行動達成時，這樣的成果就是R^2成果。根據定義，要獲致R^2成果，需要把文化變成C^2文化。因此，基本上，你必須事先決定你想要的結果是否真的是R^2。為了協助你確認，我們建議使用以下四項標準：

1. 難易程度（Difficulty）
2. 未來方向（Direction）
3. 建置布署（Deployment）
4. 培養發展（Development）

1. 難易程度

如果你需要比過去付出更多的努力才能達成你想要的成果，那這些很可能就是R^2成果，很可能需要你做出大刀闊斧的改變，至少在組織文化的某些面向上是如此。難度提高，可能來自於目標變得更困難、要在更艱辛的商業環境中達成類似的目標或是在更艱辛的環境中達成更困難的目標。當環境變化，維持成果通常已經很困難，更遑論要提高。環境的變動，包括圖表2-1列出的所有事項，均有礙組織創造成果的能力，幾乎無一能倖免。你是把想要成的成果當成R^1還是R^2，結果大不相同。

2. 未來方向

　　如果得到預期中的成果代表組織的未來走向將大幅改變，那這也代表著這些是R^2，可能需要大幅的文化變革。改變方向包括引進新產品、進入新市場或退出舊市場、應用新科技、收購欣公司與執行新策略。快速回應新的市場機會可能導致方向驟變，「快速」本身以及其意義可能代表著要追求的成果已經從R^1變成了R^2。

3. 建置布署

　　要得到理想中的成果需要大規模布署或重新布署人員或其他資源嗎？若是，這可能至少在文化當中的某些部分需要大幅改變。把資源從組織的一方重新布署到另一方，或是從一個重點領域到另一個重點領域，通常都需要用新思維來考慮應如何行事。組織裏的重大資產配置，幾乎都需要改變人們的思考與行事方式，才能確保計畫成功，引導出R^2成果。

4. 培養發展

　　如果組織要獲致理想的成果必須培養出新的能力或核心職能，那你可能面對的是R^2成果。需要發展新職能的可能是人，需要培養出領導者能力或人力資源專業；也可能是在組織面，需要增添系統與架構。這些都需要大幅改變心態，才能順利導引出重大的文化變革。

圖表 2-1　常見的商業環境變動

1	持續的價格壓力
2	競爭對手與客戶的產業整合
3	競爭對手能力提升且移動速度加快
4	顧客把更多的焦點放在價值上
5	供應鏈的整合
6	產品壽命週期更短、更不可預測
7	科技以快速變動
8	創新愈來愈重要
9	勞動力流動率更高
10	新的職場問題與員工期望
11	全球化
12	歐盟與其他貿易區塊改變市場和競爭態勢
13	法規方面的壓力更大
14	對於合作與結盟的需求更高

　　當然，出現其中任何一項變數，可能就代表你想要的成果是R^2，文化必須C^1從轉變為C^2。然而，如果你判斷出現了多項變數，此時，發現複合組合不但能明確定義你要的就是R^2成果，更代表文化必須變革才能創造這些成果。

　　在這個階段，你可能會發現，檢視所屬組織需要達成哪些你想要的成果，很有幫助。這些成果是R^1還是R^2？首先，請利用下表列出前三項所屬組織需要達成的目標；這些是你要負起責任創造的前三項最重要成果。

圖表 2-2　評量你想要的成果

	得分R^1	還是R^2
A		
B		
C		

（評量表詳見圖表2-3）

　　現在，請使用圖表2-3評量R^2成果（Rating Your R^2 Results）的評分格，分析這些成果對你自己，還有你的團隊或你所屬組織而言的性質為何。你有把某一項成果標示成R^1嗎？還是R^2呢？或者，全部都是某一類？根據前述四項變數來評估你想看到的成果，利用評分標準來排列出這些變革的重要性。把圖表2-2的

圖表 2-3　評量 R² 成果

1	難易程度	1	2	3	4	5	6	7	8	9	10
		難易程度並無實質改變					比起過去要獲致成果時困難許多				

2	未來方向	1	2	3	4	5	6	7	8	9	10
		方向相同					方向大不相同				

3	建置佈署	1	2	3	4	5	6	7	8	9	10
		不需要重大的建置布署					需要在人員和(或)資源方面進行重大的重新布署或布署				

4	培養發展	1	2	3	4	5	6	7	8	9	10
		目前的組織能力即可勝任					流程、系統、技能和(或)架構必須大幅變革				

A、B與C項放在圖表2-3評量R²成果評分格中，針對四項變數以1到10分為每一項成果打分數。

使用圖表2-3當成你的指引，加總每一個類別（難易程度、未來方向、建置布署與培養發展）的分數，讓每一項你想看到的成果（A、B或C）得到總分，並把每一項成果的總分填進圖表2-2的得分欄。還有，請根據得分，將每一項成果分為R¹或R²。

分在28到40分之間，代表這是很明顯的R²。你的文化可能需要大幅變革，才能創造出這項成果。

　　得分在16到27分之間，指向你想得到的成果很可能是R^2，而且很可能需要大力改變文化才能順利成功。

　　得分在4到15分之間，象徵你想要得到的結果很可能是R^1，需要比較零星與戰術層次的變革，而非整體組織的全面變革。

　　你可能會發現，從事本項分析時，如果若能利用你的群組或團隊提供的回饋，特別有幫助；從他們的意見當中可以得出一個共同的想法，檢視你想達成的成果是否為R^2，以及要達成這些成果是否需要大幅改革文化。另一方面，對於你想得到的結果會為組織帶來哪些挑戰，你可能會挖掘出分歧的意見。不管是哪一種，開誠布公的討論此時都可以導引出一致的想法，未來這一點可能會創造出極大益處，大大增進你的能力，以確保成功。

加速文化變革：從成果開始

在多數情況下，說到文化變革，本質就是時間；當管理團隊深感此時已經落後、但願更早一點就發動行動時更是如此。即便情勢如此，但就像我們證明的，你仍可以加速文化變革，及時發揮力量影響 R^2。請思考以下的三個步驟，這讓你可用來執行成果金字塔第一階以形成 R^2 以便加速文化變革：

步驟一：定義 R^2

步驟二：在組織上上下下介紹說明 R^2

步驟三：針對達成 R^2 建立當責

接下來，讓我們來檢視每一個步驟。

步驟一：定義 R^2

講到成果，請記住，人們會去做你要求他們做的事，因此，你最好想清楚你要求的是什麼。舉個例子來說，有一家名列財星五百大的全球企業「奈科」（Netco，化名），該公司針對其歐洲的營運設定了營收成果 R^2。訂出來的目標數字很大膽，在整個歐洲拉高了績效的標準。歐洲總體營運的總裁「佛瑞德克」（Frederic，化名）了解整個團隊必須達成的數字是多少，並在傳達給他手下的各位總經理。然而，舊有文化培養出的心態，是各國事業負責人的獎酬，是以達成各自責任區的營收目標與否為

準，而不看歐洲集團整體的績效；負責歐洲整體績效的是「佛瑞德克」的事。

年底的匯兌交易推估顯示整個集團的營運收入離目標還少了約3,000萬美元，「佛瑞德克」才忽然明白，「奈科」企業少了該有的聯合當責。「佛瑞德克」和各國的總經理召開一次會議，告訴他們預估的短少數額，而原因出在之前沒想到的匯兌交易損失。當他要求這群人想辦法找出每一分錢，不管是法郎、德國馬克、義大利里拉還是英鎊，只要有助於彌補缺口就好，他們想當然爾用 C^1 文化下無關緊要的態度來回應他的要求。這些總經理認為，匯兌問題並不在他們的個人責任範圍內。後來回過頭去看，「佛瑞德克」才看出來，就因為他對下 R^2 的定義不夠清楚明確，使得整個歐洲集團都還卡在 C^1 裏面。

當「佛瑞德克」回過頭來要求每一國的總經理時，他看出他們都一心一意專注自己的成果。這樣的焦點變成了一種類似沙包防堵的對策，在這家公司裏被人稱作「老狐狸症候群」，這是指各國總經理奸巧地捍衛自家的營收，不僅確保今年可以達標，就連往後幾年都一起想到了。這完全是 C^1 的思維與行為，顯然也有礙達成 R^2 成果。「佛瑞德克」要求整個歐洲集團成員回家去，努力解決這個問題，看看能否找到解決方案。

和總經理們第二次開會時，「佛瑞德克」繞著會議桌走來走去，一個一個問每個人能做些什麼以縮小缺口。最後發現，這些都還不夠。他們加起來的總貢獻，只夠彌補一半差額。「佛瑞德克」很熟悉這家公司，他知道，事實上，這些總經理可以貢獻更

多。當他堅持這一點，他們也愈來愈直言不諱：「如果我現在犧牲，資深管理階層會記得我的貢獻嗎？如果我明年無法達標怎麼辦？」

他們之後進行了一次懇切的討論，以 R^2 為主軸，並談為何他們需要達成目標，不只是基於個人的理由，而是為了整個歐洲事業群。到最後，團隊接受了現實，認同整個事業群必須拿出績效，不然的話，就會冒上在整個大集團內失去資源與信用的風險。在一次重要的破除 C^1 行動中，他們同意設計「團隊記憶簿」，記錄各國事業群對於消除差額的貢獻。

出乎每個人意料之外的是，在稍事休息之後，會中有一家關係企業的主管原本拒絕對於歐洲事業群做出任何貢獻，現在宣稱他「發現」他或許可以提供 500 萬美元來減少差額。其他人很快起而效尤。最後，歐洲事業群都認同了 R^2，但這一切都要等到新文化 C^2 開始扎根之後才成形。之後，為了創造 R^2 而形成的聯合當責，在各家關係企業之間營造出前所未見的團隊合作，大家都把達成個別成果與整體成果當成自己的事。

有些主管避免訂下明確的 R^2，因為他們相信不清不楚的目標，可以保護自己免於承擔失敗的風險。但事實上，模糊的目標只會造成失敗，主要的理由是這讓眾人無法協調一致。說到要確立當責及統整協調到一致，沒有什麼比清楚地說出你想達到的成果更理想。當所屬組織失焦時，大家都心知肚明。少了明確的組織成果，人們自然而然會有自己的盤算，而不考量公司整體利益。一旦發生這種事，他們會從自己的專業面或個人面來定義成

功（「只要我能達成額度（quota），我就過關了」），組織能不能得到整體的成果，就要看運氣了。

步驟二：在組織上上下下介紹說明 R^2

　　要加速文化變革，組織裏的大大小小都需要聚焦在如何達成 R^2。文化會一次改變一個人，變革的過程，始於身處文化當中的每一個人以 R^2 為核心調整到一致。唯有每一個人都了解明確傳達出來的 R^2 是什麼時，他們才能以必要的方式統整協調，以新思維（ B^2 ）和新行動（ A^2 ）來創造大家想要的成果。做不到統整協調，會讓每一件事都變得更困難，如圖表2-4所示。執行時無法如預期中順利，跨部門團隊也難有進展，溝通傳播沒那麼有效，要獲致預期中的成果則難上加難。

　　反之，當所有人的行動、信念和經驗都隨著 R^2 調整到一致時，文化也跟著一致了。這張圖指出，愈是強力協調統整的文化效果愈大、效率愈高，而且能持續聚焦在成果上。人們愈是持續鎖定成果，就愈可能建立能創造出這新成果的新文化 C^2。

　　高效領導者會設法以 R^2 為核心統整文化，並在之後維繫協調一致。他們所說的話與所做的事都是為了打造正確的經驗，藉此產生或強化信念，帶動創造預期中成果的行動。同樣的，他們也會避免說出不該說的話以及做出不該做的事，以免破壞文化的統整協調。管理文化是一套過程永無盡頭，而非單一事件；就算你已經成功將整 R^2 合到整個組織裏之後，仍要持續下去。

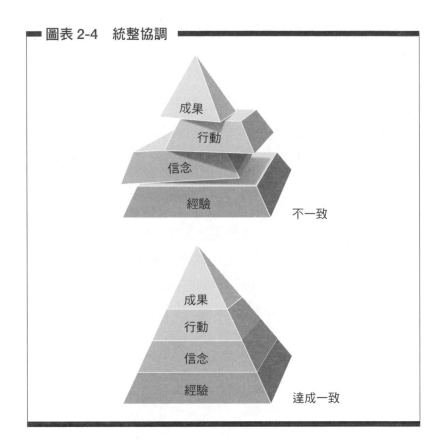

■ 圖表 2-4 統整協調

成果
行動
信念
經驗
　　　不一致

成果
行動
信念
經驗
　　　達成一致

步驟三：針對達成 R² 建立當責

　　在研討會的場合中，我們通常會請與會者定義自己的工作。無可避免的，我們會聽到很多人念出職稱，比方品質督導、總經理、稅務分析師、製造部門副總裁或銷售部門資深副總裁等等。這些答案的問題是，這只定義了這些人在組織中處於哪一個位置；這樣的思維大大影響人們對自身工作的看法。以位置來思

考，強調重點在於做什麼工作，而不是要做什麼才能達到成果。反之，當你有效建立當責以達成 R^2 時，大家就會開始用不同的眼光來看自己的目標與角色，以自己需要達到的成果來定義工作，而不光是描述工作內容。

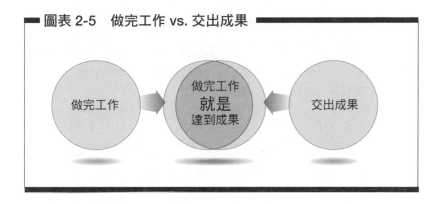

圖表 2-5　做完工作 vs. 交出成果

如上圖所示，把 R^2 變成組織裏每一個人工作中的主幹、以消除只是做完工作與達到成果之間的差距，這一點至為重要。

針對 R^2 建立當責的流程

除非你也認同自己要對 R^1 負起責任，不然的話，你無法針對 R^2 建立當責。說到底，R^1 就出自於組織裏所有人的集體經驗、信念與行動。不論 R^1 是好是壞，在針對 R^2 建立當責時，先為 R^1 負起責任是很重要的一個步驟。能夠把成果和你為了達成這些成果所做（或者沒做）的事連起來，就能夠打下基礎，讓你因為培養出必要的「當成分內事」而認真看待必要的變革。針對目前與過去的成果宣告責任，能為公司裏的每個人創造出強力且正面的經驗，因為這樣一來，也可強化一個想法：「如果目前的狀況是我們要負責，那麼，我們也可以為未來的狀況負責。」

這種層次的個人面以及組織面當責，是很重要的基礎，如果有，可促成你在文化變革上的作為；如果沒有，則會造成破壞。只有達成這種層次的當責，領導階層才能讓每一個人都看清楚 R^2，並把創造成果當成分內事。這樣的當責基礎，會在從事文化變革期間重新設定基本規則，大家不會再認為需要變革與自己無關，只出口惠、做事時卻認定要動手的只有別人。相反地，他們會接受要贏得勝利仰賴的是把變革的需求當成本分，並問「我還能做什麼」以利打造 C^2 並達成 R^2。

現實中的 R^2

　　且讓我們來看看鼓動人心的 R^2 在心律調節器公司（CPI，Cardiac Pacemakers）發揮了哪些作用：這是一家一流的企業，專精於開發心律調節技術。CPI被一家全球頂尖的製藥公司收購，之後由傑・格拉夫（Jay Graf）擔任總裁，他請我們協助他變革CPI的文化。在第一次會議上，格拉夫說CPI這家公司是「在結冰道路上以每小時150公里的速度奔馳，直接衝向懸崖。」公司當時的銷售成長率不斷寫下新紀錄，每個月的績效屢創新高，不斷慶祝市場上傳來的捷報，但是，即便有這些成就，格拉夫認為公司裏的人都沒看到最可怕的兩大競爭對手虎視眈眈，短短兩年內就會引進大幅超越他們的科技，到那時，CPI最熱銷的自家產品專利將會到期。由於接下來沒有新產品，公司的銷售成長將會直線下滑。CPI向外購得的技術目前正在帶動其成長，但這家公司的產品開發線上沒有任何潛在產品能取代其位置。

　　格拉夫該怎麼辦？眼前的收購機會並無法帶來豐碩成果。想透過授權取得下一個新產品的新科技，就如格拉夫所說，這就像是「吸毒一樣，對於下一次收購能帶來大好展望的期待上了癮」。內部新產品開發的前景又乏善可陳。CPI很多年都沒有創造出重要的新產品了，格拉夫手下的員工相信，自己「無法找到出路，連紙袋也掙脫不了」。公司的產品開發流程進度每個月持續落後預定時程三個星期，格拉夫說，這不過「只是換個說法，指向我們每年的付出真正只得到十二個星期的實質成果。」他總

結道：「我們往前走四步，然後倒退三步。」

　　格拉夫相信，辛苦努力打造出一套第一級、按時程的產品開發流程，最能讓這家公司扭轉乾坤。有鑑於CPI內部普遍的信念，要撥亂反正需要大幅度讓文化過渡轉化。少了這一步，他們就無希望獲得R^2。隨著時間愈來愈少，他們亟須加快過渡。

　　我們和格拉夫以及他的團隊合作，他們都認同，需要用清楚明確且能撼動人心的方式把成果（包括R^1與R^2）攤在組織面前。從董事到最前端的生產線員工，每一個人都認清R^1的現實：他們無力開發出自己的新產品，導致開品開發部在多年慘澹經營之後，員工都失去了信心。

　　在一系列的全員大會與正式訓練活動當中，格拉夫和他的團隊描述了要從R^1轉變R^2到會是什麼樣的情形。雖然組織內部的對話說服了大家需要改變遊戲規則，但是有很多懷疑的聲音出現，不相信組織有能力開發出格拉夫預想中的新產品。過去的歷史站在悲觀主義這一方。儘管如此，格拉夫和團隊仍著手執行文化變革任務，從成果金字塔的第一層下手，並應用之前提過的三步驟來建構R^2：

1. 定義R^2
2. 在組織上上下下介紹說明R^2
3. 針對達成R^2建立當責

　　下圖顯示格拉夫及團隊如何描述從R^1轉變到R^2的過程。組

織內部持續的對話大有助益，因為員工開始負起責任，承認有些做法無用，並主動尋找需要做些什麼以修正情況。

▌圖表 2-6　常見的商業環境變動

R^1 成果		R^2 成果
錯失市場	到	引領市場
少有新產品	到	許多新產品
仰賴外部購入的技術	到	仰賴產品開發
落後於時程	到	達成／趕上時程
開發週期為四年	到	開發週期為十八個月

　　他們想要達成成果的決心很強，這是因為管理團隊有所體認，這一點非常重要：他們為了過去創造出 R^1 成果擔起了責任。隨著管理階層站出來，公司裏的其他人也覺得得到了力量，要同舟共濟。

　　就算你要推動的變革不像 CPI 的需求這麼激進、全面，但是，描述你的組織必須從怎麼的轉變到，能幫助每一個人掌握到這項任務的本質。畫出必要的成果轉變圖，也就是詳列人們必須要改變思考及行事方式，才能達成 R^2。你或許希望利用你在本章稍早時作好的組織預期成果分析，花點時間來描述你所屬組織需要的成果轉變。你可以列出 R^1 成果，然後搭配轉變過程，達

到對整體組織的成功而言必要的 R^2 成果。

這些 R^1 從到 R^2 的轉變對你的組織而言具有說服力嗎？當你在盤算需要投入那些心力才能促成這些轉變時，你會有任何的不安嗎？

■ 圖表 2-7　找到你要的成果轉變 ■

	R^1 成果	R^2 成果
A	到▶	
B	到▶	
C	到▶	

對照你自己的分析，你可能非常想問CPI到底達成了那些成果。他們做到了嗎 R^2 ？是的，而且還超越了。CPI成為帶動蓋登公司（Guidant Corporation）成功的主要功臣，被視為美國上市公司中有史以來最成功的企業分割案例之一。CPI現在隸屬於波士頓科技心律管理集團（Boston Scientific Cardiac Rhythm Management Group）。

就像其他同業說的，CPI打造出「一部新產品開發機器」，十四個月就打造出十四種新產品。CPI的年營業額倍增，股價則漲了九倍。這家公司有多條產品線都是全球市場領導者。

文化快速變革，為CPI帶來了顯著的競爭優勢，基本上改變

了這家公司以及業內其他廠商的遊戲規則。明確定義從 R^1 到 R^2 的轉變，讓這家公司的領導者能加速文化變革，從而加快獲取成果的速度。

執行文化變革

隨著我們逐步推展本書的第一部，我們會讓你看到如何應用成果金字塔並步步為營，加速你所組織內的文化變革。培養領導能力當中的加速文化變革能力，是現今每一位領導者都必備的技能。領導者若了解如何將組織文化調整到最適狀態以創造R^2成果，這樣的組織便可用無人能及的方式創造競爭優勢。具有說服力的證據證明，文化創造成果，正確的文化便能創造出正確的成果。

有些話值得一再重複：你的文化創造你的成果。如果你需要改變成果，那麼，就要改變文化。文化永遠都在發揮作用，可能是助你一臂之力，也可能成為你的絆腳石。有所體悟的領導者知道，如果你不管理組織文化，**組織文化就會管理你**。如果做的對，你定義的R^2成果將能帶動人們討論文化（即人們的思維與行事方式）需要哪些變革。要讓大家以為R^2核心統整一致，並非易事，這需要對話、參與、辯證與領導。然而，如果每一個人都接受R^2，那你就踏上了正道，可以加速必要的文化過渡轉化。在第三章中，我們會告訴你如何找出你要停止、開始或持續下去的行動，以便在正軌上維持你的加速度。

第三章　採行能創造成果的行動

　　二千五百年前，據稱對於「改變」這個主題別具慧根的希臘哲學家赫拉克利特（Heraclitus），寫下「你無法踏入同一條河裏兩次」，當時他或許就描述了如今這個瞬息萬變的世界。

　　與過去相比，今日的領導者和主管在商業環境中必須因應的變動常態，可以說「有過之而無不及」，壓力宛如泰山壓頂。在變動持續全速來襲時，很重要的是，要學會如何讓你的員工和組織文化，以能夠創造商業成果的方式回應變動。

　　改變一詞的意義是「創造（或成為）不同的事物」，因此，說到改變文化，你必須堅持組織裏的每一個人都要有不同的行事作風，每天都要採行 A^2 行動。很明確的是，你要做的不只是讓大家用不同的方式做事，還要讓他們在對的時間做對的事，以創造 R^2 成果。少了這樣目標、方向與焦點都很確定的改變，你將無法讓文化順利過渡轉化。

　　在文化過渡轉化期間，現實中必定要有的最重要單一種變動，就是轉變到更當責。我們在第一本書《當責，從停止抱怨開始》裏提出依據，直指現今的企業全都陷入了當責危機。在因應

危機時，領導者與主管通常訴諸於地位帶來的權力和下命令時的權威，只期待他人當責，而不親身參與。

當責是組織裏每一套流程與系統的根本，定義了所有職場關係的根基。這是貫通整個組織的「神經中心」，帶動一切順利且有效運作。然而，太多領導者與主管以過時的命令控制式架構及方式為基礎，試圖藉此打造當責。他們很天真，期待透過組織帶動當責，忽略他們自己常常讓員工覺得傷痕累累、遭受打擊，而不是受到鼓舞、積極參與。

在現今環境中，商業運作速度和資訊流動之快，使得你需要能快速反應的系統來推動人們願意投入、預先主動、備齊資源、精準正確、迅速快捷且深富創意。說到要讓組織效能發揮到最佳狀態，當責是最簡便的方法。讓員工全心投入、以創造成果為依歸，對於加速文化變革而言至為重要。沒錯，你可以快速改變文化，但是，除非你能讓員工拋棄「你還可以做什麼？」和「我還可以怪罪誰？」等問題（暗指事不關己的態度），否則將無法加快文化變革的速度。

加速文化變革意味著讓每個人都把需要改變當成本分，並問「我還可以做什麼、展現更契合 A^2 的行動？」以及「我還可以做什麼以創造成果 R^2？」協助員工培養出充分的熱情敬業與「當成分內事」，是加速文化變革的關鍵重點。請謹記，文化會一次改變一個人。當組織上上下下都開始把自己該做到的改變當成分內事、也感受到當責之時，就會開始啟動真正的改變，而且速度很快！

　　如果用高效方式來做，當責一如任何技能，都可以藉由訓練培養；然而，即便當責技能可以學習和磨練，仍需要許多刻意的作為才得以養成。如果做的對，你會發現這是提高士氣最快的辦法。

　　世界大型企業聯合會（Conference Board）針對美國員工做了一項調查，指出超過半數美國勞工根本沒有兢兢業業的感覺。調查結果顯示工作滿意度為45％，是1987年以來的最低點。此外，二十五歲以下的員工有64％表達對工作的不滿。讓員工敬業，讓他們願意投身於為組織創造成果並把這當成個人的分內事，可以扭轉前述難看的數字。這是當責的精髓所在。正因如此，在一個組織想要變革文化、以從A¹轉變到A²時，最重要的就是讓人們把變革當成分內事。

　　轉變到更當責、更願意負責會是怎麼樣的情況？我們在第二章中介紹過的客戶「歐普斯光學」（化名），便是一個絕佳案例。「茱蒂」（Judy，化名）以及她掌管的店面團隊一向無法達成計畫中的目標。他們一向的說法是「店裏面就有計畫了」，這是指只要更努力款待來店內的顧客，就能創造出預期中的營業額。但是成果絕對不會來得如此輕鬆。

　　在聽到主管幾次嚴厲的回饋意見以及深切的自我反省之後，「茱蒂」轉移焦點，不再關心讓員工能有藉口無法達成計畫目標的行動（A¹），轉為看重體現「顧客來店不會找不到所需商品空手而回」這句宣言的行動（A²）。

　　「茱蒂」詢問店內每位同事為何有些人兩手空空就離開，此

時她才發現，店員之所以讓客戶就這麼走了，是因為他們不夠敬業，無法面對常見的顧客拒絕，比方說：「我只是看看」「太貴了」「我把驗光單放在家了」「我還沒去檢查眼睛」等。

茱蒂要想建立起成果導向的當責感並讓員工全心投入，因此她重新聚焦在某些能讓員工從 A^1 轉移 A^2 到的行動上。這代表要讓店員個人願意去處理以下這個問題：「我們還能做些什麼，好把這些人變成我們的顧客？」

為了刺激思考，「茱蒂」開始與員工機智問答：「當潛在客戶說：『喔，我只是看看』時，我們應該堅持讓她看看產品並介紹店內的展售，還是說，我們就回答：『那好吧，若有任何需要的話，我會在這裏為您服務。』？當有人說：『這太貴了』的時候，我們應該問他們在什麼地方找到過更低價的相同產品或服務，還是問對方為什麼覺得價格太高？如果有人說：『我把驗光單放在家裏』時，我們應該說：『不要緊，我們會打電話給你的醫師，請他再傳一份過來』嗎？或者，當有人說：『我還沒檢查眼睛』時，我們應該帶他們到隔壁去看我們的驗光師，馬上替他們檢查眼睛嗎？」

他們的答案，讓「茱蒂」得出一個結論，那就是從沒人做過上述這些事。他們採行的是 A^1 行動，因此無法創造出 R^2 成果。

鎖定要轉變到 A^2 之後，茱蒂和同仁開始更勇於承擔責任，不停自問「我還能做些什麼」，並且正視現實、承擔責任、解決問題與著手完成。他們馬上開始聚焦在幾件事上：把走進店內的人潮變成客戶，提出正確的問題，馬上打電話給客戶的眼科醫師

索取驗光單，並鼓勵客戶在現場檢查眼睛。當這支團隊為了店內的成果承擔起更大的責任時，甚至開始和陪同顧客來店裏的親友互動起來。他們得到的成果是：第四季時超越計畫目標。

　　確實，藉由更勇於當責，他們真的「在店裏找到了計畫」。當你要從A¹轉變到A²過程中，除非能把這樣的當責變成其中的一環，不然，你會發現除了難以形成C²文化之外，也無法如你所願快速地達成轉變。

　　以下這個案例，是我們的客戶通常用來描述從A¹到A²時實際上的當責轉變。

■ 圖表 3-1　當責的轉變：從 A¹ 行動到 A² 行動 ■

A¹ 行動		R² 行動
人們認為需要變革事不關己	到	人們把需要做到的改變當成本分
人們等著別人告訴他們要做什麼	到	人們發動行動以找出他們需要做的事
人們約定俗成，把「水平線下」的藉口當成可接受的不向前邁進理由	到	人們不再找藉口，開始自問「我還可以做什麼？」
人們不敬業，也沒有展現出完全把創造成果當成本分	到	人們親自投入，設法實現改變
人們聚焦於找問題	到	人們聚焦於找解答

　　我們要特別說清楚，除了當責之外，文化當中有多少其他面向需要改變，其實並不重要；如果你無法改變人們承擔責任的方式，也就無法引導出其他你需要的轉變。毫無疑問，當責是加速文化變革的主要因素。

變革的三個層次

我們用一個簡單的模型來說明組織變革的三個不同層次。在這個投入／產出變革模型（Input/Output Change Model）當中，引發改革的刺激（＝投入）帶動出三種不同的變革（亦即產出）：短期（temporary）變革、過渡（transitional）變革和轉型（transformational）變革。

■ 圖表 3-2　投入／產出變革模型 ■

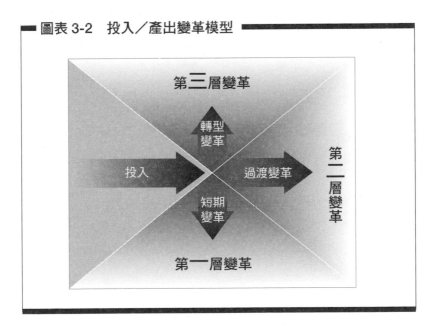

第一層變革是短期變革，此時你用小幅、增補的做法來修正現有的模式，但不會長期維持下去。比方說，你可能會在培訓研討會中習得新技能，演練一段時間，之後，基於某種理由，短期

後就放棄不用了。我們有一家大型企業客戶的高階領導者,在一個研討會中學到個人回饋這件事,之後就充滿熱忱培養自己尋求回饋的能力,要求和他共事的人針對他這個人提意見。對於他帶動的對話以及知道他有興趣了解他人的想法,周遭的每一個人都樂觀其成。然而,在幾個星期之後的一次追蹤會議中,我們發現他已經不再演練這套方法了。當我們追問原因時,他也提不出什麼好說法。他反正就是不做了。

第二層變革是過渡變革,此時你同樣是用小幅度、增補性的方式去修正現有的模式,但會長期套用下去。我們就在一家醫院裏看到這種情況,這家醫院需要過渡轉化,改變人們輪班時的做事方式。過去,這家醫院的 A^1 行動重點之一,主要是著重在正常班(星期一到星期五早上九點到下午五點)期間處理問題。現在,由於希望全天候都能提升病患照護品質,因此他們需要改變焦點,強調品質、但不要讓「黃金時段」的重要性高於其他時段。移轉重心不需要大幅重塑文化,但需要引進一些重大的變革,讓員工用不同的想法和做法去因應病患的需求。**過渡性**一詞指的是這是一種程度上的改變,而非行事作風上的根本變革。

第三層的變革是轉型變革,需要改弦易轍扭轉人們的思維與行事。由於這類改變需要全新的想法與做法模式,帶來的挑戰也遠高於第一層或第二層轉變。如果做對了,在這個層次最能創造最大的潛在報酬,最終的績效可說是天差地遠。以前述從事第二層變革的醫院案例來說,他們轉變到 A^2 行動、以利全天候提供優質照護,這很可能也符合第三層變革的定義,但要視難易度以

及變革實際上的重要性而定。

　　多數時候，你必須要進行幾項的第三層變革，以改變人們的想法與做法，才能完成全面啟動文化的過渡變革。

所有的行為都有報償，連A¹行為亦然

　　有時候，A¹行動讓人無法理解，顯然非常無益，甚至毫無邏輯可言。通常，組織裏每個人都知道這些行動需要改變。二十年來我們花費無數個小時進行面談並調查過成千上萬人，不斷聽到人們連眼睛都不眨一下地暢所欲言，說起自家組織裏人們有哪些有效與無效的運作方式。在很放鬆的情況下，他們某種程度上詳細說明人們做了哪些事有礙於創造成果、又做了哪些事有利於獲致成就。一次又一次，這些組織的領導者問我們：「如果大家都這麼清楚我們該有不同的做法才能達成更高的效能，那他們為何不做？你要如何說明這當中的落差？」

　　理解人們所作所為背後的理由，是加速變革到A²過程中很重要的一環。幾年前，一位在地方家長團體擔任資深指導的顧問在課堂一開始便開宗明義對學生們說：「如果你們上這堂課只能記住一件事，那就請記住這一點：所有的行為都有報償。」

　　多年來，我們反覆思量並多次套用這句話，而且在很多不同的情境下都適用。每一位我們曾與之分享這個觀點的人，都心有戚戚焉。

　　確實，當我們為客戶提供資訊、並回答「人們為何做出這種或那種行為」這個問題時，在在證明這是一條非常寶貴的原則。通常，如果你能找出人們的信念，知道他們預期自己的行為會有哪些正面或負面結果，之後你就能解釋為何他們會這麼做。如果你希望理解為何某個人會做某件事，那麼，你必須去挖掘他們的

信念，檢視他們認為採取或不採取某個特定行動會有什麼後果。

　　本書其中一位作者前幾年的親身經歷把這一點說的最透徹；當時他和家人去山區小屋度假。隨著幾位家族的友人到來，每個人都同意比一場跳棋。你可能記得，這種棋局的贏家，是最先把自己全部十個棋子從起點移到棋盤另一邊的人。那天參賽的有四位大人和這位作者的十歲兒子。賽局平順進展了一個小時，突然，出乎每個人的意料之外，小男孩做出了驚人之舉。在一連串的布局之後，他在所有人（除了自己之外）的終點，都放了一個自己的旗子。每個人都面面相覷。短短幾步，他就讓這場賽局無法進行下去。

　　他的父親有點看不下去兒子的作為，要求他把棋子收回來，並把他踢出賽局。在大人結束這盤棋之後，做父親的問兒子剛剛為何這麼做。他說，一開始時，他就發現，如果他一次能跳過好幾個棋子跨過棋盤，遊戲會變得很有趣、很有意思。當他這麼做時，大家都會發出「喔！」與「啊！」的聲音，讚美他的布局。然而，隨著賽局繼續推演下去，愈來愈難出現這種大快人心的跳躍，因此他覺得很沒趣，就設下障礙，讓每個人都贏不了。

　　真是聰明的小孩！當他描述他的策略時，情況忽然間就變得很清楚了：在某個時候，這孩子不再為了求勝而下棋，開始為了不輸而下棋，完全改變了遊戲規則。他的行為反映出他的信念，那就是如果他能妥善安排棋子，不讓別人贏棋，那他就不會輸。

　　商業界一天到晚發生這種事。在組織過渡轉化期間，我們常常看到各個層級的人員為了「不要輸」而戰，而不是為了「求

勝」。人們認定順利落實 A^2 行為會對個人造成某種風險，當人們比較在意保護自己而不是打造 C^2 文化時，就會激發出防禦性的行為。這裏要再說一次，奠下當責基礎、之後有效落實本書所述和管理文化過渡轉化相關的能力，將能協助你抑制這類防禦性的行為，並讓人們為了求勝而戰。

高效主管知道，員工會注意所有組織文化發送出關於如何行動的信號。他們了解，行動（聚焦的行動、在正確的時點作正確之事的行動）能創造成果。不去注意行動，你就無法注意組織的文化。但你也必須要知道，人們抱持的信念、以及人們在替自己的行為找理由時引用的經驗（信念與經驗都在成果金字塔的較底層），都會影響行動。

敷衍了事

美國文學家海明威（Ernest Hemingway）寫過一句話：「切莫錯把動作當行動。」（Never mistake motion for action）。光有動作，不但無法有任何成績，而且比行動還讓人疲憊。無法達到成果卻又費勁，會讓你精疲力竭，在情緒上和生理上皆如此。說到文化變革，我們看過太多組織不過是敷衍了事，浪費時間去做絕對不會產生任何實質改變、也沒有進展的事。

事實上，我們編製了一張清單，列出一些在推動文化變革時通常常用、但無法達到預期成效的實務做法。你有沒有用過其中任何一項呢？

七大無效的變革實務做法

1. 傳播企業價值宣言
2. 重組或重整
3. 聘用或開除某個人
4. 改變獎酬系統
5. 另組團隊、並將其從組織文化中獨立出來
6. 拔擢某個人
7. 重新撰寫政策

如果單獨採行，這些廣為人用的實務做法，通常無法得出預期中的成果，不僅無法變革文化，也不能讓人們用不同的方式行

事。亂用影響力低的做法亂槍打鳥，會誤導能量、浪費時間、錯失目標，並且造成挫折。

倘若不去影響人們、帶領他們採行正確的A^2行動，你就無法高效且快速地變革文化，但是，你也不能只是口頭說說你希望人們用不同的方式做事，然後光坐在那裏等著，期待他們會如你所願。這就像要青少年改變態度與行為一樣。成功的機率有多高呢？你也不能用上述所列的傳統做法來引發變革；很多組織常用這些做法，試著在員工身上觸動新思維，但往往徒勞無功。組織重組之後，有多少領導團隊因為僅能重複過去的績效而感到失落？「新血」快速成為文化的一部分，不是改變文化、反而被文化所改變，發生這種事的頻率有多高？

我們的經驗顯示，你可以改變人們在組織裏的位置，但這麼做，可能並無法改變他們的思考方式。表面上的敷衍了事，通常會發動很多活動，但無法創造成果。與採行傳統方法相較之下，你可能會希望應用可以造成根本差異、影響人們行事方式的方法。而這套方法要以分析如何從A^1到A^2的開始。

停止、開始、持續

想加速改變人們的行事方式，需要明確了解你需要停止做哪些事、開始做哪些事以及持續做哪些事。以下的案例，是食品藥品零售連鎖企業「買得對」（Shopright，化名）的「停止／開始／持續」分析。

為了編製圖表3-3，「買得對」的三層管理階層進行一場開誠布公的對話，討論轉變到新文化需要哪些改變。他們先以R^2成果為背景條件來描述A^1從到A^2的轉變，從這裏開始進行「停止／開始／持續」分析。唯有以R^2為經緯來看，你才能定義需要採取哪些A^2行動。

讓我們把這套分析應用在組織或團隊上。首先，挑選三項你需要達成的R^2成果；請用圖表3-4記下你的答案。

現在，請列出阻礙你達成R^2成果的A^1行動。「哪些做法無效」這個問題，請盡量坦誠回答。請記住英國首相邱吉爾（Winston Churchill）的觀察：「無論策略多漂亮，你還是不時該檢視成果。」誠實評估什麼有用、什麼沒用，能幫助你回答以下這個問題：「我們的員工，應該停止哪些無法獲得成果的成果？」

■ 圖表3-3 停止／開始／持續分析：以「買得對」為例（1）■

要得到的 R^2 成果	要改變的行動	
在店裏要養成每個人更把銷售額當成分內事，才能達成店內銷售預算目標並達成區域銷售預算目標。 ——— 勞動成本要維持在預算水準內	要停止的 A^1 行動	出現障礙時就改變目標
		僅有區域經理才適用「有話直說的溝通」政策
		從一個方案轉換到另一個方案的速度太快 （「我們堅持執行行動計畫的時間都不夠長。」）
		怪罪與交相指責
		利用恐懼與負面斥責來管理
		偏離我們最初的企業哲學 （「我們是家族經營的企業。」）
		所有決策當在執行長辦公室完成
	要開始的 A^2 行動	對全體員工溝通傳達區域的預算
		讓每個人把達成各店的預算當成分內事，首先從店經理層級開始，接著推展到全店。
		加強聚焦在股東權益報酬率／股東價值
		讓員工能快速做出決策
		直接面對績效不彰並提供回饋
		更注重顧客；透過顧客的觀點來看店面
		低成本的營運與採購方法
		請每一個人不斷自問：「我還能夠做些什麼以達成目標」，藉此讓每一個人為店內銷售額負起責任。
	要持續的 A^1 行動	「有話直說的溝通」政策適用區域經理以下的層級
		開放員工認股（讓多數員工成為股東）
		有強大的後台／倉儲／經銷營運
		在公司裏培養出強大的職場倫理與自豪

　　之後，想一想大家應該、但並未採行的 A^2 行動。他們應該開始怎麼做，才能達成你列出的 R^2 成果？

　　最後，要判斷你希望大家持續做哪些 A^1 行動。這些是 C^1 文化中的優點，可繼續協助你達成 R^2 成果，也能為你提供打造 C^2 文化的基礎。

　　想一想，如果你能快速終結 A^1 行動、並以停止／開始／持續分析表中列出的 A^2 行動取而代之，那會如何？關於你的組織或團隊是否能夠達成你所列出的三項 R^2 成果，在這一點上，新的行動將會造成何種影響？如果你無法引導出 A^2 行動，那你還能期待達成 R^2 成果嗎？如果你希望能在起跑點就強力衝刺邁向成功的文化變革，那麼，你自己必須負起責任，認清這項演練當中的全部現實。在此同時，你會發現，由團隊成員提供的真誠回饋，暢談他們認為組織應該停止、開始或持續做哪些事，非常有幫助。

警語

　　請小心領導者在文化過渡轉化期常犯下的三個典型錯誤，即便立意良善，這些錯誤都可能浪費了寶貴的時間，並造成嚴重破壞。第一項錯誤發生在管理階層嘗試規範 A^2 行動時；第二項源自於沒有為早期就採行 A^2 行動的人提供支持支援；第三項錯誤則發生在管理階層僅聚焦在成果金字塔的行動層次。

　　規定組織裏的其他人應該採行哪些 A^2 行動，通常無效。確立大家應該停止、開始與持續做什麼事雖然是個好的開始，但制

■ 圖表3-4　停止／開始／持續分析：以「買得對」為例（2）■

要得到的 R^2 成果	要改變的行動

1

要停止的 A^1 行動

要開始的 A^2 行動

要持續的 A^1 行動

2

要停止的 A^1 行動

要開始的 A^2 行動

要持續的 A^1 行動

3

要停止的 A^1 行動

要開始的 A^2 行動

要持續的 A^1 行動

定行動時若沒有針對管理階層最重要的任務提供適合的背景脈絡，就無法成事。這件最重要的事，就是必須營造出適當的環境，讓各個層級的人自問「我應停止、開始與持續做哪些事，以利創造 C^2 文化並達成 R^2 成果？」在對的環境當中，人們會提出速度快、有創意而且富生產力的答案來回答前述問題。

透過讓每個人參與「停止／開始／持續」分析，你就可以讓大家把 A^2 行動「當成分內事」，並針對需要改變的地方列出一份更準確的清單。關於哪些行為會產生哪些結果，有誰比每天都在做 A^1 行動的人更清楚答案呢？當你讓組織全體一同參與定義行動時，就增進了組織的管理能力，加速了文化變革的能力。當然，當我們在談要轉變到行動時，講的是第二層或是第三層的轉變，讓人們持續地且從根本面上改變日常的作業方式，而不僅是表面上的轉變，新的做事方式不能只拿來說、但不動手做。

另一個常常有礙文化過渡轉化的典型錯誤，是沒有替早期就採取 A^2 行動的人提供支持支援。一開始，A^2 行動會衝撞 C^1 文化。支持文化過渡轉化的人看到 A^2 行動時或許識別得出來，但其他人不見得，這些其他人甚至會認為，採行 A^2 行動的人不適合組織。幫助大家在看到 A^2 行動時都能明辨、並支持早期就採取行動的人，將會讓其他人各就各位，去支持文化變革並加快進度。到後來，隨著「大多數的中間者」加入早期採納者的行列，組織全體將會約定俗成，把 A^2 行動當成「我們這裏做事的方法」。終究，這樣的 C^2 文化會激發、提醒、昭告、引導、要求與強化 A^2 行動。

　　第三種典型錯誤發生在你僅聚焦在成果金字塔的行動層面時。到頭來，只著重行為的偏狹焦點通常會以苛刻、制式的方式表現出來。要加速文化變革，你需要從金字塔的所有層級下手，有時候是同步，有時候則要按照順序來。只管人們該做些什麼事，這樣並不夠；你也必須處理他們的思維方式。當行為變成唯一的焦點，通常會營造出錯誤的當責，而錯誤的當責會帶著人們落入「水平線下」，到了這裏，他們就會等著別人下令。這是會嚴重打擊組織士氣的當責。

　　文化包括了人們的思考方式與他們的行事作風。根據我們過去二十年來擔任領導顧問及管理顧問順利推動文化變革的經驗，不斷強化以下的中心思想：如果你改變人們的思考方式，將能改變他們的行事作風。在第四章，我們將會進一步檢視成果金字塔的信念層次，告訴你如何從與人們的行動密切相連的信念著手。

　　我們都知道，任誰都無法在一夕之間改變人的行為。總是會有人在早期就採納新行為，有人比較晚，甚至有些人根本只能執行短期性且會導致不良後果的第一層變革。就算是完全認同必須展現出不同行動的人，不時也可能退縮，在變革過程早期、當 C^1 文化的壓力持續壓迫組織之時尤其如此。由於 C^1 文化有高度的「黏著性」，就算你大力推展、完全轉變文化，舊有文化當中的某些特質幾乎會一直揮之不去。以目前來說，你可以安心的是，你使用愈多正確的工具、而且以愈高效的方式使用（這些是第六章與第七章的主題），你的組織便愈能堅定且完整地採行對文化變革而言極重要的 A^2 行動。

推動轉變，從 A^1 行動到 A^2 行動

「艾米利諾」（Emiliano，化名）餐廳是一個一流的品牌，隸屬於「諾克羅斯全球」（Norcross Global，化名）企業，後者曾被《財星》雜誌評選為「最受讚揚的餐飲服務企業」（Most Admired Food Services Companies）；這個品牌成功地讓員工著重於採行正確的 A^2 行動，在此同時，也為 R^2 成果帶來了正面影響。當整個餐飲業陷在成長遲緩的困境中，「艾米利諾」的管理階層也掉進了典型的陷阱，想試著藉由僅著重在人們的行動來改善成果。雖然有時候管用，但是，當你需要根本的文化變革以創造 R^2 成果時，從來都無效。

管理階層體認到他們愈是在行動上施加壓力，情況就愈糟糕。他們的職場環境變成一個「講究表面上可見的活動的企業文化」，背負著各式各樣的指標、清單與圖表。海報上貼出二十項活動，規定員工在每一家餐廳的後臺輪班時必須要做的事。這張清單（被稱為「不容妥協的清單」），再加上許多被點名未能貫徹行動的員工，透露出這個組織已經陷入資訊超載的處境，而且聚焦在活動上的程度幾乎已經到了偏執的地步。

營運長說他開始一而再、再而三聽到同樣的說法，到最後他根本很清楚員工是怎麼想的。一位「艾米利諾」的經理站在一位後場員工的身邊，問對方知不知道他要看的是什麼。員工給了他一個典型的回答：「我不知道。我只是想要確定我的名字不在上面。」

顯然地，C¹文化已經轉變成「請告訴我要做什麼」的環境，
管理階層以外在的手段來執行當責，僅把焦點放在活動上，以此
作為解決方案。隨著重心愈來愈偏向遵守規定，再加上丟掉飯碗
的威脅在他們的腦海裏揮之不去，員工開始覺得管理階層很讓人
困擾。

到了一個程度，開始出現惡果，管理階層大力鼓勵員工謹
守這份「不容妥協的清單」，另外再制定一套規範性更強烈的做
法，用來提報、設定目標以及透過創意獎酬系統傳達訊息。

基本上，如果員工達成目標，他們就可以優先選擇中意的輪
班時段。然而，這種做法與其說激勵了員工，倒不如說是造成對
立，引發了嚴重的競爭感，損害了任何殘存的團隊合作。需要規
畫排班表以便安置家庭的女性會抱怨：「我上個星期的班表都亂
了。」本來競爭就很激烈的文化，現在更變成了競相找出對方的
錯誤。

在餐廳這一行，小事很重要：某項食材成本稍微高一點，就
會嚴重打擊整體績效。少了十個基點，實質數字可能就等於損
失200萬美元。一個月下來，這樣的數字可能會毀了整體損益。
「艾米利諾」的管理階層試圖控制成本，掌握各種細節，諸如預
先設定份量（亦即在需要用到之前先秤好食材的量，保證份量精
準，員工就不會在充滿熱氣的廚房中漫不經心）。

然而，他們很快就發現，企業想要快速達到新成果時，雖然
常使出這類「命令式管理」領導法，但只能創造出「講求活動
的文化」，無法得到他們渴望的成果。員工根據查核表和命令做

事，無法實踐實務操作背後的真正用意，也醞釀不出把成果「當成分內事」的感受，但，在餐廳裏要把事情做對，這卻是必備要件。

「艾米利諾」的管理階層面對艱鉅的挑戰。他們需要讓這家全球連鎖餐廳裏每位員工不只是聽命行事，還要把主動複製最佳實務操作「當成分內事」，而且是加上創意與智慧，無需命令或強迫。

管理階層把表面上可見的活動當目標，但他們真正想要的，其實是在每一家餐廳獨特的顧客條件下創造出更好的成果。到了這個時候，以活動為重（但實際上，這是他們最需要改變的 A^1 行動）已經滲透整個組織，連管理團隊也不能倖免。各區域總監進行例行視察時，就是根據查核表快快往下查；至於該如何強化餐廳的營運，根本沒有搔到癢處。他們的訪查必須不拘泥於查核表，才能更深入了解餐廳裏的實況，然後請真正能創造出不同局面的人參與開誠布公的對話，幫忙提高獲利能力。他們需要的 A^2 行動看來是這樣：把管理做法的焦點從活動導向移轉到成果導向。不這麼做，就絕對不會有 R^2 成果。

到最後，「艾米利諾」的管理團隊承認，鉅細靡遺規定同仁在每一種情況下要怎麼做完全無用；若要達成 R^2 成果，他們需要另一套大相逕庭的做法，改為成果導向的管理操作。在這個時候，他們請我們（領導夥伴企管顧問公司）協助他們了解身為領導者需要做些什麼，才能讓員工投身於文化變革的努力當中，並創造出正確的環境，讓各個層級的員工都清楚知悉 R^2 成果，同

時替自己做出從 A^1 行動轉變到 A^2 行動的停止／開始／持續分析。

　　新的焦點導引發展出合作性質更強的 A^2 行動，比較偏向成果導向、而不是活動導向，也營造出本分感與當責的態度，確認餐廳裏的每位員工都在對的時間做了對的事。管理團隊也停止仰賴無效的「布達命令」式變革，開始使用本書通篇所述的參與導向變革法。他們不僅不再制定過多規定要求員工應該做些什麼，更開始支持與讚美早期接受 C^2 文化的員工；這些人身體力行管理階層希望大家落實的 A^2 行動。「不容妥協的清單」消失了，排班的獎勵系統也走向了新方向。各區域總監開始在訪查餐廳時讓員工一起參與解決問題。無須強迫，A^2 行動開始在整個組織裏自然成形。成果呢？餐飲業裏各家企業普遍遭受經濟衰退嚴重衝擊，但「艾米利諾」開始實現 R^2 目標，達成規畫中的銷售額，超越預定獲利，更把總營業額目標遠遠拋在後面。這家公司的努力得到了金融市場的獎勵，股價穩穩上漲。

打造金字塔

　　能知道需要改變哪些行動，是加速文化變革重要的第一步。一旦你判定了從 A^1 到 A^2 要改變的行為是什麼，就可以動身踏上一條清楚的路徑，通向組織需要抵達的目的。說明人們需要哪些不同的做法，藉此勾畫出清晰的 C^2 文化面貌，是加速變革的關鍵。若能在強調個人當責的環境下合力完成上述這項任務，可加快整個流程並奠下基礎，確保這趟改革之路將能順利成功。不再僅仰賴傳統且無效的變革做法，反而聚焦在真正讓員工投身於認同個人變革的方法，大大提升了成功的前景。

　　但是，在結束本章之前，我們需要把一個重點說清楚：要讓人們改變他們做事的方法，沒有什麼比改變他們的思考方法更快，沒有，絕對沒有。當你僅從金字塔的頂端（也就是成果和行動）下手時，便侷限了自己加速變革到 C^2 文化的能力，也使得 A^2 行動融入組織裏每個人行事作風的機會大減。信念，比任何因素都更能激發出必要的行為轉變，因此，你必須協助人們接受正確的信念，以帶出創造 R^2 成果所必須的行動。接下來，我們要談的是你要如何透過找出及創造正確的信念，激發出正確的行動以達成預期中的成果，以便加速轉變到新文化。

第四章　找到能引發正確行動的
　　　　信念

　　在變革期間，主管和領導者通常僅把努力的重點放在成果金字塔的最頂端兩層。然而，我們的客戶很快就發現，當他們擴大焦點、從金字塔底端看來更無影無蹤的信念著手時，更能提高加速文化變革的成功機會。組織成員所抱持的信念與他們所展現的行動，兩者間有一種簡單但強力的關係。他們認為應該怎麼做事的信念，會直接影響他們的行動。

　　如果你改變人們對於該如何從事日常工作的信念（即B^1信念）、並協助他們接受你希望他們抱持的新信念（即B^2信念），就能引導出你希望他們展現的A^2行動。當領導者從這個深層且更能持久的行為面向下手時，就等於是注入最根本的有效文化變革催化劑。

　　不管我們是否做好準備，都會出現文化變革的需求。想一想無線通訊產業發生的深遠變革：當蘋果公司（Apple）推出創新的iPhone，商業模式幾乎一夕之間發生劇變。蘋果的創辦人史

帝夫‧賈伯斯（Steve Jobs）把打造iPhone的任務交付給該公司二百名頂尖的工程師，期限壓力大，在同事之間引發可怕的競賽，《連線》（Wired）雜誌有一篇文章就說了，精疲力竭的工程師「熬夜一整晚都在寫程式，弄得疲憊不堪後離開辦公室，大睡幾天後又重新上工。」

有一個案例是，一名產品經理大力甩上辦公室的門，撞歪了門把，將自己反鎖在裏面；她的同事花了一個多小時，用鋁棒在正確的位置上敲打幾次，才救她出來。

開發這項新產品需要投注大量精力，但在上市後的一年內，iPhone的銷售額占了蘋果營業額的39％，是對蘋果公司獲利貢獻最大的單一因素。賈伯斯改變了賽局，讓原本不動如山的無線電信業大型營運商，同意採用新的商業模式，而這套模式改變了人們對於手機的信念。在那之前，正如《連線》雜誌所說的，無線電信業把手機定義為「廉價、拋棄式的誘餌，用大量的補貼網住用戶，讓他們鎖定特定營運商的服務。」

在信念出現策略型轉變之後，大型營運商開始利用智慧型手機為自家服務製造差異化，藉此爭取顧客。隨著新的商業模式繼續推展並不斷變化，無線電信服務供應商也需要協助自家員工做出對應的轉變，扭轉改變他們對於應如何執行日常業務的信念。能快速且高效改變營運的電信供應商，將能創造出競爭優勢。

另一個案例，是SSM醫療保健公司（SSM Health Care）的人力資源網；SSM在聖路易擁有及經營六家醫院，他們決心要改變在顧客及自家內部團隊成員心目中的形象。一開始，人力

資源團隊領導者非常清楚地提出他們想要的從 B^1 到 B^2 的信念轉變：不再自我界定為以事務型業務為重的傳統支援部門（這是 B^1 信念），開始在思考時自許為抱持著更策略性焦點的事業夥伴（這是 B^2 信念）。人力資源部門希望在整個企業網絡中和各事業單位締結更密切的夥伴關係，幫助他們達成他們的業務成果。

　　一旦人力資源部門全體人員都用新的思維來看待自己的職務，變革便進展快速，甚至連我們也瞠目結舌。他們把招聘部門外包，專攻福利與獎酬施政管理領域，好讓新的人資服務中心人員，把提供這類服務當成部門職能的一部份。利用剩下的人資部門資源，他們把重點放在讓內部的人事專才變成人資顧問。很快地，他們就整備出一支由二十位顧問組成的新團隊，每一個人都以單一目標為準則，那就是支援業務夥伴，幫助他們達成關鍵營運成果。

　　這場轉變始於一個信念的改變，最終的高潮結局是打造一個讓人佩服的人力資源網路，運作上成為目標導向的支援部門，為企業內部的客戶創造出前所未見的價值。

　　每天，我們都會聽到類似的故事，世界各地的領導者和主管從成果金字塔的信念層次著手，從而受益匪淺。為何會有任何領導或管理團隊無法把焦點放在這個層次呢？這個問題的答案，就藏在從信念著手時五項常見的錯誤認知當中。

從信念著手的五項最常見錯誤認知

1. 信念難以察覺；你無法判讀人的心思。
2. 信念無法觀察；你無法衡量進度。
3. 難以從信念下手；你不知道該做什麼。
4. 要改變信念需要花更多時間；你可以用更快的速度激發出行動變革。
5. 信念無法強制規定；你必須說服他人。

　　若無正確的方法與做法，你或許會假設管理行動比管理信念容易。然而，僅把焦點放在行動上，通常不只是引發挫折而已，許多作為還會造成反作用，並營造出「告訴我該做什麼事」的文化。雖然新計畫、政策與程序應該在組織中占有適當的一席之地，但這些通常無法帶來持久的變革，在文化過渡轉化期間尤其如此。若應用我們提出的最佳實務做法來打造完整的成果金字塔，你就可以避免這些常見錯誤觀念附帶的陷阱，並找到從信念下手的實務可行性。一旦你熟練了金字塔的信念層次，並知道如何幫助人們放棄為人不樂見的B^1信念、同時採行理想的B^2信念，實際上你就能更快速且輕鬆地完成你想實踐的變革。

　　「綜效公司」（Synergy，化名）是我們的客戶之一，最近也體驗到由於僅著眼於行動帶來的挫折。這家公司的目標是要鼓勵員工多多出席公司的每月例會，因此制定一套名為「財富巨輪」（Wheel of Fortune，化名）的獎酬系統，事先隨機選擇一位員

工，由這位員工轉動巨輪，按轉輪結果發獎金給這位幸運兒，藉此獎勵員工出席月會。

　　然而，「財富巨輪」並沒有刺激員工多多出席例會，反而很快就變成一種應得的福利，每個人都期待從中受惠，不管有沒有參加月會。開小差缺席的員工，會要求自己的主管或好朋友上台去轉動轉輪，贏得獎金時替他們拿回來。「綜效」對於行為的關注，並未改變行為。大家還是不來開月會，但現在會有一個幸運的缺席者把額外的獎賞抱走。

　　當僅從金字塔最上方兩層著手的主管無法看到理想的行為改變時，他們通常會採用剩下的另一個解決方案：如果你無法改變行為，那就必須改變成果。「改變數字」看來或許是明顯的錯誤，但這種事無時無刻都在發生。雖然主管可能會經常性地重新定義目標，但這種戰術並不能幫助他們解決根本問題，也無法為組織的生存提供長期策略。

　　假設你需要改變組織裏的某個信念。在實際操作時，首先，想一想某一項組織目前需要達成、但尚未看到令人滿意進展的R^2成果。請記錄在下表之中。接下來，再至少找出一項組織的共同信念，其特色是：如果改變這個信念，將會有利於達成前述的R^2成果。

　　如果大家採行、認同新信念並受其鼓舞，你認為他們會展現不同的行事作風的可能性有多高？新的信念可以把成果提升到哪種程度？什麼因素阻礙大家抱持這樣的信念？

■ 圖表 4-1　找到你想看見的信念 ■

列出你需要的**成果**	
列出目前的**信念**	
列出你想看到的**信念** 強化達成目標的能力	

　　人們抱持的信念，大大影響他們每天做的事，除非你直接處理，否則固有的信念將會頑強抗拒變革。這解釋了為何少有主管從金字塔的信念層次著手。

　　我們都看過，有人換個職位後就直接改變信念。我們永遠不會忘記曾經和一家工廠管理團隊合作的經驗；當這個團隊努力尋求眾人支持新的工安目標時，遭遇了重大挑戰。

　　團隊裏有一名從沒把工安當成分內事的技工，受到拔擢成為工安經理。你可能不相信，他上任後的態度和行為馬上出現一百八十度的大轉變。改變突如其來，他把工安當成日常第一要務這事，成為工廠裏茶餘飯後的話題，如今和他平起平坐的經理們對他讚譽有加，過去的隊友則百般不屑。他對於工安的驚人熱情看來是真的，然而，在多數情況下，改變你在組織裏的位置並不會改變你的思考方式。雖然換個位置的確可能換個腦袋，但經驗證明，多數時候人們還是帶著舊有的思維（亦即他們的 B¹ 信念）一起走馬上任。

我們把這種現象稱為**信念偏見**（belief bias），是每一個人都有的特質。在多數情況下，每個人多半都會堅持自己的B^1信念，敝帚自珍，並以百分之百的確定仰賴這些信念，當成是能幫助我們安度每種情境的美妙真理。我們很少質疑自己的B^1信念；我們會固守在這些信念停駐的C^1文化裏面，這代表我們會延續舊的行為，也因此，我們無法將創造成果的能力發揮到最極致，不管從個人面或組織面來看皆如此。

若你檢視進入危機管理模式的組織，將可找到強而有力的證據指向信念可以快速轉變。當危機來襲，天生的生存本能會敦促人們暫時收起本來的B^1信念，快速採行必要的B^2信念，以便引導出大有利於解決手邊問題的新行為。遺憾的是，當危機結束，舊有的B^1信念通常會捲土重來，拉著每一個人回歸日常，C^1文化如如不動如昨。學習高效地從成果金字塔底部下手以改變人們的信念，不僅能反制前述的趨勢，還可以加速達成C^2文化與R^2成果。

並非所有信念都同樣重要

就強度和說服力來說，各種信念並非等質等量。記住這一點之後，我們就會強調加速文化變革的方法重點，並不在於改變每一種信念。如下圖所示，我們所抱持的各種信念之間仍有實質上的差異。

第一類信念不會反映出高度的信念偏見，也不會大幅影響人們的行動。出現新資訊時，人們很輕易就會放棄這類信念。比方說，業務代表或許覺得，給客戶的最有效簡報一定要用到自己瞭若指掌的舊行銷素材。然而，主管的一通電話或許就能說服他，讓他相信新的行銷資料更能增進他的能力，激發客戶下定決心購買。因此，這位業務代表很快就會揚棄自己認為舊素材最有效的信念，接受新資料更能有效協助他達成銷售目標的想法。

圖表 4-2　不同的信念類別

暫時抱持的信念，不會讓個人深刻投入	第一類信念	若有更優質的資訊，要改變相對容易
強力抱持的信念，通常來自於長期不斷重複的經驗	第二類信念	不大容易改變，需要重大經驗才能扭轉
根深柢固的信念，奠基於能形成是非對錯基本價值觀念的有意義經驗	第三類信念	幾乎無法改變，基礎為倫理道德價值觀

　　第二類信念深植於經驗，人們非常相信也完全接受這類信念，而且不輕易放棄。比方說，組織裏的員工若相信「你不能把心裏的話告訴管理階層，因為他們根本不想聽」，這可能就屬於第二類信念。這類信念是長期發展而成，反映的是出自於強烈個人經驗的強烈意見。你無法輕鬆改變這類信念，因為人們覺得這準確地描述了事實，也是導引他們應如何作為的強力指南。

　　第三類信念停駐在一個人倫理、道德、原則、是非對錯行為價值觀中的基底。人們深深地抱持這類信念，只有在極強大壓力之下才會揚棄，有時甚至連在這種時候也不放。比方說，假設有一個人非常相信故意做錯生產報告資訊沒有良心、違背道德而且觸犯法律。除非個人面對生死威脅，不然的話，這種基礎信念不大可能改變。然而，即便在面對壓迫，第三類信念的力量可能仍強過各種想要改變它的作為。

　　我們在闡述第三類信念的重要性時，常以與客戶合作期間觀察到的真實事件為例。有一家核能電廠的管理階層，想要盡量縮短歲修的停工時間；規畫中的停工，是為讓公司能進行維修並完成查核。每停工一天，公司就要損失百萬美元的營收。管理階層非常急於盡量降低損失，他們不斷地要求盡量將停工期間縮得更短、再更短。

　　縮短了維修期間，導致需要愈來愈多的「繃帶式」修理才能維持營運。發電廠裏許多員工認為，繃帶式的拼湊處理不夠，強烈偏向於完全替換某些零件，這類的修理做起來要耗掉更多時間與費用。電廠員工抱持的這條第三類信念，備受管理階層挑戰。

員工擔心自身的安危，從是非的角度來看這個問題。另一方面，管理階層則認為自己提出的需求安全、合理而且務實。由於缺乏可改變員工想法的強力證據，底下的人自行處理問題，破壞一道他們認為黏黏貼貼太多次的閥門。這樣一來，迫使電廠在員工從事必要的修理時又多停工了四天。

當我們在講轉變信念以變革文化時，通常會講的是從第一類與第二類信念下手，這些信念反映的是「我們在這裏這樣做事」。要改變第一類信念很容易，當人們得到更優質的資訊時更是如此，但是，要改變第二類信念就需要更多的技能與思考，尤其是在你需要快速改變之時。改變第三類信念通常會牽涉到更多的情緒與痛苦。

每當變革涉及修正員工與雇主之間的「社會契約」時，我們就會看到第三種現象。這類改變包括減少人力、改變工時、更改薪資或是要求重新接受訓練以取得新技能。某些員工認為，這類改變有損他們認為自己應得的權利。領導者必須瞭解人們以多深刻、多強烈的態度抱持某個特定信念，因為這會決定要改變這個信念時要付出多少努力、精力與注意力。

組織文化信念：文化變革的指引圖

　　第一類與第二類信念是組織文化的核心，在不需太多指引與滋養之下，透過一套高效率、幾乎是自然出現而且會自我傳播的流程，每天不斷強化與傳遞。新員工第一天上班午休時，你就會看到這套流程發揮效力。新員工午休和同事談天時，終究會問到一個問題：「在這家公司到底要怎麼做事？」本質上，此人想要知道的是這裏普遍的組織文化信念是什麼，這規範了組織裏的做事方式：「管理階層看重什麼？我要小心什麼事？我要小心什麼人？我要做什麼才能確保不會失敗？公司員工在什麼情況下會獲得升遷？在什麼情況下又會惹上麻煩？」

　　當其他同事在回答這些問題時，就是在分享他們對於組織文化的信念，這也是組織裏其他人最可能同樣也抱持的信念，通常會構成廣為流傳而且為該公司特有的概念，闡明這個組織的「參與規則」。

　　這引發了一些你需要回答的基本問題：員工共同抱持的 B^1 信念，是你希望他們秉承的信念嗎？這些信念有助於鼓舞組織往 C^2 文化邁進，還是會讓大家重新退回 C^1 文化？這些特定的信念會導引組織的作為、創造出 R^2 成果，還是沒有辦法？如果沒辦法，那你就遭遇了重大的組織文化問題，需要解決。新進員工要融入現有文化根本不費吹灰之力，若你想過這一點，就會瞭解這個問題有多嚴重。當這位新人隔天又和另一位同事共進午餐，問到「在這家公司到底要怎麼做事？」的問題時，又聽到用詞幾乎

一模一樣的答案，此人很快就會完全融入這樣的文化。不過只接觸了兩個人，這位新進員工就完全接受了 C^1 文化，採納普遍的 B^1 信念，抹煞了雇主期待能為公司帶入新思維的期望。

　　這引導我們來到問題的核心：管理文化的重點，在於培養你希望員工抱持的信念及你需要他們展現的行動，好讓文化為你發揮作用。當新進員工尋求指引、想知道在這個組織應該如何行事時，你希望其他人怎麼說？我們為這個極度渴望加速文化變革的管理團隊提出建議，要他們在建構組織文化信念宣言時認真思考這類新進員工對話。組織文化宣言扮演的角色，是指引你從 C^1 轉變到 C^2 的文化變革指引圖，也可以成為最重要的一項變革催化劑。當你能有效找出並落實 B^2 信念時，便能加速文化變革，並讓組織有能力創造出改變遊戲規則的成果。

找出 B² 信念

　　要落實文化變革並為組織設定新路線，領導者必須誠實且完整地找出兩類信念：有礙企業達成預定成果的 B¹ 信念，以及能協助企業向前邁進的 B² 信念。這通常需要個人以及組織集體深思，還要針對處境的真實現狀提出完全開放坦誠的回饋。

　　你可以這樣看：組織裏的人抱持著兩類信念：一類可以幫他們達成 R² 成果，另一類不行。顯然，你希望傳播你需要的理念，並改掉你不要的。在尋求其他關鍵人士的鼎力相助之下，身為企業領導者的人可藉由回答以下兩個基本問題來找出這兩類基本信念：目前有哪些信念妨礙我們達成 R² 成果，哪些信念又將可推動我們達成 R² 成果？

　　兩個問題當中的第一題，引導我們走向第一章介紹過的落實文化變革其中一個步驟：解構 C¹ 文化的步驟。了解目前文化的組成因子，包括目前大家廣為遵循的信念，對於了解你必須改變什麼才能達成 R² 成果至為重要。

　　我們要強調，某些 B¹ 信念雖然為人所不樂見，但不見得就不對。人們會抱持某些信念，背後的理由可能完全合情合理。這不是一個對錯的問題，而是一個效能的問題。目前的信念能否導引出創造成果所必要的 A² 行動？探索人們現在相信什麼之時，不應該去否定目前的認知，反之，應該重新踏出穩健的第一步，設法讓它們變得更好。

　　從 B¹ 到 B² 分析中的第二個問題，凸顯的是如果織成員能轉

而抱持那些還沒成形的（B^2）信念的話，將有助於達成成果。這些信念能鼓舞人們採行A^2行動。新的信念決定了員工在回答「在這家公司到底要怎麼做事？」這個問題時，會說些什麼。想要了解事實、知道需要改變什麼，在評估階段通常需要能提供協助的外部夥伴插上一腳。

以下這個案例，是我們一家客戶的B^1信念分析及導引出來的A^1行動。信念加上隨附的行動，兩者便成為C^1文化的特色要素，而這正是管理團隊決心要改變的。

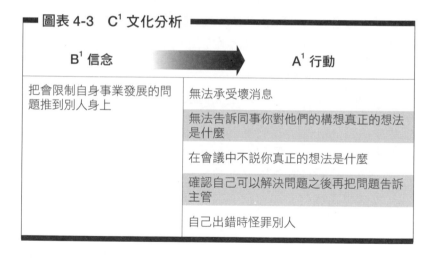

■ 圖表 4-3　C^1 文化分析 ■

B^1 信念	A^1 行動
把會限制自身事業發展的問題推到別人身上	無法承受壞消息
	無法告訴同事你對他們的構想真正的想法是什麼
	在會議中不說你真正的想法是什麼
	確認自己可以解決問題之後再把問題告訴主管
	自己出錯時怪罪別人

請注意這個B^1信念造成的影響：無法坦誠，會拖慢決策、阻止資訊流動、更難以向前邁進，並且還會導致大量讓人失望的意外結果。

人們不時都會把自己對於組織的信念老實說出來，對朋友、

家人坦白，甚至對工作上的同事說真話。然而，如果是要面對管理階層，他們通常選擇閉嘴。這通常是因為 C^1 文化施展了影響力，使得當事人難以承受說出實話的風險。但，不管用哪一種方法，你都需要獲知事實，了解大家心裏在想什麼。如果管理團隊無法滿足項需求，必會錯失大好機會，在設定 B^2 信念時就無法直接影響產生 R^2 成果所必要的行動。

　　請參考案例，檢視我們一位客戶所做的分析，這家客戶找出來在 C^2 文化中應具備的重點 B^2 信念要素。

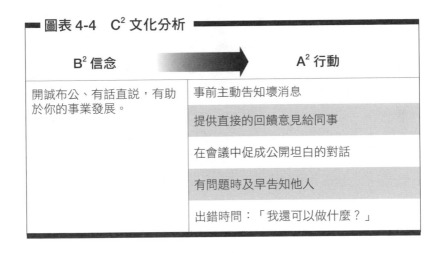

圖表 4-4　C^2 文化分析

B^2 信念	A^2 行動
開誠布公、有話直說，有助於你的事業發展。	事前主動告知壞消息
	提供直接的回饋意見給同事
	在會議中促成公開坦白的對話
	有問題時及早告知他人
	出錯時問：「我還可以做什麼？」

　　管理階層認為，在他們需要營造出來的 C^2 文化中，這條 B^2 信念是非常重要的元素。少了它，他們就無法加快組織文化變革流程、及時創造出 R^2 成果。

　　現在，想一想你要改變自家組織、群體或團隊的哪些信念。

找出其中任何一項有礙達成 R^2 成果的 B^1 信念。接下來，決定你要用哪些 B^2 信念來取代你想消除的 B^1 信念，以利邁向達成 R^2 成果。

■ 圖表 4-5　你要改變的信念 ■

目前的 B^2 信念 我們需要消除這些信念達成 R^2 成果		樂見的 B^2 信念 我們需要創造這些信念達成 R^2 成果
	到	
	到	
	到	
	到	
	到	

　　如果你不設法改變組織或團隊裏的信念，那會如何？另一方面，如果你營造出一個環境，讓每個人都接受新信念，約定俗成，把這些信念當成前述新人對話中的一部分，那又會如何？

組織文化信念：一個切題的案例

　　美國有一個州人口減少的速度快過任何其他地方，經濟不斷下滑帶來壓力，再加上該州的工業基礎岌岌可危，一家區域型的醫療保健供應商「東岸醫療方案」（Eastside HealthPlans，化名）公司知道，他們必須大刀闊斧改革，從 R^1 成果轉變到 R^2 成果，他們也知道必須要快點做到。

　　曾經，由跨國母公司（母公司旗下還另有幾家區域性的醫療保健公司）規定與督導的幾個客戶滿意度指標，是這家公司的焦點所在。母公司的客戶滿意度方案包括了幾個基準，衡量「東岸」幾個面向的速度與精準度，例如新成員納保、理賠處理以及解決徵詢問題。這些指標使用一套「賺取點數」系統，發放獎勵點數的標準，是每家機構在各個客戶滿意度表現類別中相對於既定標準的表現。當時，以大集團下的所有醫療保健相關機構而言，「東岸」的表現排名在最後的四分之一。

　　每一個人都認為，是組織文化拖累了「東岸」的表現。當我們開始和高階主管團隊合力評估組織文化時，就不斷聽到組織裏各級領導者表達出幾個非常明確的主題。多數人都同意，當新進員工問起「在這家公司到底要怎麼做事？」時，他們會聽到某些共同的說法。以下便是我們聽到的：

　　「這裏有人會冷眼旁觀，變成不沾鍋。當責從來不是這家公司文化的一環。大家相信，只要你還活著，就能保住這裏的工作。任何人都不需要有什麼急迫感。大家都閒閒坐著，等待指

示,我們只要接受命令即可,這裏甚至還獎勵基本上乏善可陳的
表現。」

- 「我們都各自為政,很少有人在做重要決策時會對
  外照會不同的部門。」
- 「由於大家的心態是『我們一向都是這樣做事的』,
  所以新的想法很少被採納。也因此,大家的認知是
  我們要規避風險,而且樂於處在現狀。當真正的好
  構想浮出檯面時,我們總是把這些想法稱為第二階
  段,然後列入某個待辦事項清單就算了。」
- 「我們的會議很安靜,沒有熱忱,也沒有坦誠的對
  話。會後大家會在走廊上講出他們真正的想法,但
  絕少在會議上說。」
- 「公司裏並未針對明確定義要達到的成果統整協調到
  一致,也並未聚焦在成果上。我們沒有共同的願景
  或目標。」
- 「『這不是我的事!』這句話是公司內太多部門裏常
  有人說的名言。我們會把問題丟出去。」

這份有礙達成R^2成果的C^1文化特質列表,揭示了員工對
於在「東岸」要怎麼做事所抱持的強烈B^1信念。根據我們的經
驗,對於想要尋求變革的組織而言,這張清單並非罕見。有一件
事讓許多領導團隊苦苦奮戰:即便每個人都支持有必要改變,卻
沒有人確知什麼才是又好記又有用的最好變革定義。

在「東岸」，我們協助資深領導團隊處理這個問題，以組織全體都需要的關鍵組織文化信念為核心，在廣義的領導團隊中營造統整一致。這些B^2信念將會導引A^2行動，創造出人人都樂見的R^2成果。以下就是他們的文化信念宣言，以必要的C^2文化為特色：

■ 圖表 4-6　組織文化信念：以「東岸醫療方案公司」（化名）■
為例

立即行動	我承諾每天都以懷抱著要打敗競爭對手的急迫感行事。
對外合作	我要在整體企業中營造合夥關係，以利企業達成卓越的成就。
承擔責任	我為我們的成果負起責任，並不斷追問「我還可以做些什麼？」
開誠布公	我尋求、傾聽與分享，以促成開放而坦誠的意見交流。
積極進取	我要為利害關係人落實創新解決方案，把這當作日常工作的一部分。
擁抱精實	我要追求最大效率，並在每一天變得更精實、快速與出色，藉此打敗競爭對手。
統整一致	我要調整每天的行動以達成企業的成果，並聚焦在成果上。

　　啟動當責流程的文化並定義出「東岸」的組織文化信念之後，短短兩年，「東岸」的執行長便站在全體領導團隊之前大聲宣布，自母公司的客戶滿意度方案展開以來，他們第一次贏得最高分100分，所有的重要指標均達成或超越標準。這番成就，使得「東岸」有史以來首度在關係企業中排名第一。成功轉型僅花了兩年時間，寫下了重大的變革，帶動全公司的員工在思考與行動時心心念念的都是公司對顧客的承諾。

　　組織文化信念揭露了思維方式，不同的信念彼此協調運作，創造出正確的平衡。你無法僅提出一條信念、盡力傳播，然後期待這樣就可以激發出正確的行動。你需要一套信念，組合起來成為一套系統，發揮作用。

　　舉例來說，在「東岸」，領導者需要員工懷抱著急迫感「立刻行動！」，但他們也希望人們能「對外合作」，在整個組織裏從事跨部門協作。此外，管理階層還需要員工「勇於負責」，承擔責任，不斷自問「我還能做些什麼」，並且藉由促成開放而坦誠的想法與意見交流，落實「開誠布公」。組織文化信念的運作機制是這樣的：這些信念構成一套彼此依賴的系統，規範組織裏的人員必須如何以不同的思考和行為來達成 R^2 成果。這是一整套的信念，彼此調和、相輔相成，以導引出 A^2 行動。

編製組織文化信念宣言

你選擇建立的新 B^2 信念，將會構成組織文化宣言的基礎。把最重要的變革放在最優先並用宣言掌握其精髓，是順利帶動文化過渡轉化時極重要的一個步驟。我們的研究與經驗顯示，你愈是特意、有意地去找 B^2 信念，就愈能高效地撰寫出組織文化信念宣言。

在撰寫自己的組織文化信念宣言時，你會希望架構類似「東岸」寫出的組織文化宣言。當然，你的 B^2 信念列表會反映所屬組織獨特的需求。請記住，講到文化，沒有一體適用這種事。每一家公司都要找出本身適用的具體 B^2 信念，以便導引出達成特定 R^2 成果必須的行動。

組織文化信念宣言不應該由某個人獨力撰寫，這一點或許無須多言。這項有中流砥柱之功的宣言，應是廣義管理團隊群體互動下的產物，由他們來描述組織要營造的關鍵 B^2 信念。你應避免編寫出完整列表，詳列你希望大家秉持的每一條信念，因為這樣會稀釋這份清單的威力，並讓大家分心，偏離真正重要的信念。反之，你的清單必須掌握的，是某些目前沒有、但加入之後將會推動組織、部門、群體或團隊朝向達成 R^2 成果的 B^2 信念。

我們建議你在編寫每一條信念宣言時以「我」這個字起頭。因為文化是一次改變一個人，每一位領導者、主管以及個別貢獻者都需要把組織文化信念內化，轉化成自己的信念。人們讀到宣言時必須能把所述信念當成是自己心裏的想法，這樣才能導引他

們轉向 A^2 行動。

客戶常會問我們:「為何不以『我們』來起頭呢?」經驗告訴我們,「我們」當中通常不包括「我」。

我們在事業發展早期曾和一家大型藥廠合作,藥廠的執行長在這方面給了我們一個絕佳案例。他告訴我們,當他投效這家公司時,他希望知道這家公司的當責程度有多高。他不斷地找,但不管是任何一個層級,找不到任何一個人為任何一個決策負起責任。

每一次他問是誰做了某個特定決策時,聽到的都是某個團隊的名稱。就這位執行長看來,構成該公司文化的環境,是沒有人、但同時又是每一個人都要負起責任。他氣憤地大喊:「團隊不做決策!做決策是領導者!」他不是想知道事情出錯時該懲罰誰,也不希望剝奪團隊成員同心協力幫助組織針對問題找到正確的答案。他只想讓領導者接受更多的權威並願意承擔把事情做好的責任,藉此加速做出更優質的決策。

培養個人層次的當責、以實際體現組織文化信念(這是 C^2 文化的核心),對於加速文化變革來說至為關鍵。正因如此,我們建議,要讓個人對於組織文化信念宣言培養出「這是我的分內事」的感受,撰寫每一條宣言時就要以「我」起頭,作為切中核心的提醒,記住每一個人都必須承擔起責任,根據每一條組織文化信念行事。

組織文化宣言,尤其是以互動方式編製、期待大家簽署加入的宣言,是帶動文化變革的極強而有力工具。請嘗試以能實踐

C^2 文化的方式撰寫每一條宣言，同時體認到一件事、即大家並未完全抱持現在提出的這些信念。

請仰賴人們在回答新進員工提出「在這家公司到底要怎麼做事？」問題時的用詞。請以第一人稱編寫宣言，並且用肯定句法來寫。請記住，宣言要描述的是人們需要如何思考與行動才能創造成果；這些宣言描述的是你想看到的狀態，亦即你的 C^2 文化。

雖然主管能畫出組織文化的指引圖，但如果人們覺得事不關己，他們就無法期待大家會遵行。當你在編寫宣言時，請記住你要面對的是組織全體員工。

面對不同層級的人員，這些 B^2 信念宣言會激發出不同的 A^2 行動。你必須謹記，若沒有賦予這些文字意義最精準的定義、解讀與詮釋，宣言本身不可能單獨成立。編寫信念時要夠廣義，足以激發出相關的對話與討論，談到如何將宣言應用到組織每一個部分的日常工作上。有鑑於此，你不可以只把宣言貼在會議室的牆上，或是當成備忘錄每個人發一張就算了。相反地，你應該介紹說明宣言，套用到有助於人們理解、接受與擁有每一條宣言的流程，使得你字斟句酌的用詞中包含最豐富的意義；我們會在第十章「號召組織全體加入變革」中更詳盡討論這個主題。

從信念著手能產生的力量

多年來績效起起伏伏的零售巨擘西爾斯羅巴克公司（Sears, Roebuck and Co.），其經驗適切闡述了從信念著手能產生的力量。這是我們最愛的故事之一，發生在西爾斯過去執行一項重大的扭轉績效行動之時。當時，《財星》雜誌（*Fortune*）一篇訪談中提到，公司學習長安東尼‧魯奇（Anthony Rucci）對一件事甚感意外，那就是員工對於公司業務和目標的誤解。和員工開會時，魯奇會問：「你認為西爾斯從每一塊美元營收中能賺到多少利潤？」中位數的答案是稅後利潤為0.45美元。當時，希爾斯的利潤率為1.7％。魯奇總結：「我們公司裏有經濟素養不足的問題。這是管理階層的錯。」魯奇愈來愈擔心一件事，那就是員工對於公司的績效所抱持的信念，在他們做事時會造成負面影響。

魯奇也會問另一個問題：「你認為，你能領到公司的薪水最主要是因為你做了什麼事？」超過一半的員工回答：「保護公司的資產。」員工抱持了一個信念，認為「保護」公司是他們的首要之務。員工不但不協助客戶（這是一種代表積極主動的姿態），反過頭來還監督客戶（這是一種代表防禦的姿態）。有了這樣的信念，後續的行動並應運而生，成果也隨之而來：他們的客戶滿意度得分在零售業界屬最低的一群。

魯奇非常驚訝地發現，由於員工的焦點放在財務數字上，因此看不到滿足客戶的重要性。魯奇明白，公司幾乎是完全靠著強

調業務的「硬」道理來帶動績效，而「你衡量什麼，就得到什麼。」他知道公司必須再度把重心放在顧客身上。「我們知道，除非我們在購物、工作與投資等三個領域拿出可信、可稽查的指標，不然的話，所有注意力都會被財務面吸走，在購物與工作面向上也無法營造出必要的吸附力。」為了讓「軟性」概念更具體扎實，這家公司分析820家全方位型綜合百貨公司的十三項財務指標、幾百萬筆客戶滿意度數據以及成千上萬的員工滿意度資料。分析告訴他們「員工看待工作以及公司的態度，是預測他們在顧客面前將會有哪些作為的二項先行指標，而這些行為回過頭來又能預測留住客戶以及客戶向他人推薦我們的機率，後面這兩項因素，回過頭來又能預測財務績效。」

運用實證數據，魯奇提出一個事實：員工的信念帶動行動和成果。他也證明了另一件事：員工滿意度的分數（即員工對於百貨公司及整體企業的信念與態度）上一季若提高五個單位（以他們內部的標準計算），就會讓下一季的客戶滿意度提高兩個單位（這是員工根據新信念行動的成果），而且後一季的營收也能比全國各店的平均值高0.5％。西爾斯的領導者們非常相信這樣的關係，因此，他們開始改變公司排名前二百名高階主管的激勵獎金結構，其中的30％到70％要和非財務績效指標勾稽。

西爾斯努力扭轉文化，改變銷售人員對於每天在百貨公司內所做之事的想法。這帶動了新的關鍵信念，重點則在於財務素養，並把員工的工作定義為讓整個組織內、外部的客戶都感到滿意。

　　變革管理始於教育員工，讓他們理解商業環境自一九五〇年代以來有哪些改變。比方說，趨勢數據顯示，顧客已經減少前往購物商場的次數，減幅達66％。

　　在思考因應之道時，底特律一位堆高機操作人員就說了：「等一下！如果人們前來購物商場的次數只剩三分之一，而我們的百貨公司又設在商場裏，那我們為什麼要花那麼多錢重新改裝店面？」魯奇的反應是什麼？「我坐在會議室後方，心裏呼喊著『哈雷路亞！』你想看到的就是員工對商業了解夠深入，才能問出這類問題。」

　　對於應如何在整個組織裏帶出正面的變革，管理團隊也接受了許多其他新信念，像是這三項：「取得資訊有助於激勵變革即改善。」「在百貨公司裏工作的前線人員必須參與所有的目標設定流程；這樣做才能營造『這是我的事』的感受。」「當人們有機會自己得到某些成就時，就會有自尊；他們會因此虎虎生風。」

　　魯奇與團隊體認到，改變信念會導致行動與成果隨之改變，他們用統計數據對自己證明了這一點。在這家公司進行文化變革不久之後，《財星》雜誌（Fortune）進行的一項調查顯示，在當時，在二〇六家企業中，西爾斯的客戶滿意度為第五名，利潤率也倍增，從0.017美元成長到0.033美元。獲利出現讓人欣喜的改善，再加上整體績效的變化，明確描繪出從人們抱持的信念著手能創造出多大的影響力與多高的效率。

打造金字塔

高效的領導者了解，信念帶動人們的行動。

所謂文化變革，就是要讓人們對於「在這家公司到底要怎麼做事？」改為抱持新的 B^2 信念。

組織文化信念宣言描述的是組織的當責文化。還記得我們曾經把當責文化定義為：在這種文化中，人們能承擔責任，用必要方法去思考與行事（即 B^2 與 A^2），以達成想要的成果（R^2）。釐清必須改變的關鍵文化信念，將有助於過渡到新文化，同時提高創造樂見成果的機會。

組織文化信念宣言，並非企業裏的部門為了供公眾傳閱而編製的傳單。反之，有來自員工的投入，並由管理階層彙整，這會是內部很實用的工具，可在組織裏的每一個層級達成統整協調並創造成果。等到了第十章時，我們會進一步檢視如何使用組織文化信念宣言，以及如何處理種種相關議題，諸如要怎麼樣對組織其他人提出宣言以及如何借用它在整個組織裏充分落實文化變革。

營造一個讓人們接受並實踐組織文化信念的環境，責任就在領導階層的肩上。

我們堅信，以對於組織成就的貢獻而言，很少有其他領導行動比得上這件事。

雖然要求大家去做是一個好的開始，但是你無法光靠要求就改變信念。

　　要促成眾人接納新的 B^2 信念，管理階層必須創造經驗，說服大家改變信念，開始用不同的思考來看待日常工作。這很可能是領導階層最大的挑戰，也是金字塔很重要的一層，我們留待下一章分解。

第五章　提供能灌輸正確信念的經驗

　　位在底部的「經驗」是成果金字塔的基礎，可以帶動更快速的文化變革。不管你是否意識到，你每天都在為身邊的每一個人提供經驗。你和組織內其他人的每一次互動都在創造經驗，可能促成、也可能損害你想見到的信念。簡單來說，你提供的經驗便創造出人們抱持的信念。

　　過去二十年，我們協助過成千上萬客戶順利加速文化變革，這讓我們相信領導者必須非常精於創造正確的 E^2 新經驗。具備這項能力的人達成 R^2 成果的機率更高，因為他們能加速從 C^1 到 C^2 的轉變，並建立當責文化。我們很有信心，當你聚焦在成果金字塔的基底並提供正確的經驗時，人們會改變他們的思維模式。如果你改變他們的思考方式，你就能改變文化；當你改造文化，你就能改寫遊戲規則。

正確的經驗會構成你想見到的信念

關於如何利用經驗創造信念，一家由私人股權持有的連鎖冰淇淋專賣店是個好案例。這是總部設在德州奧斯丁（Austin, Texas）的艾美冰淇淋（Amy's Ice Creams）。該公司有十三家連鎖單位，領導者特意著重在營造經驗以管理文化及產生成果。艾美‧席夢思（Amy Simmons）是這家連鎖專賣店的業主，秉持著個人信念推出艾美冰淇淋，她認為，要在東德州的艷陽下贏得消費者，一家冰淇淋店絕對不能只是提供讓人流口水的甜點而已。席夢思讓她奶味香醇的甜品小店與眾不同，她賣的每一球冰淇淋都在傳遞著經驗！

《公司》（*Inc.*）雜誌有一期的封面報導便在側寫這家公司，把艾美冰淇淋的員工描繪成表演者。排著隊的顧客看著員工拿冰淇淋勺當成道具玩雜耍，把冰淇淋球拋來拋去，甚至在冰櫃上跳起舞來。記者約翰‧凱斯（John Case）提到：「如果店門外有人排隊，他們可能會發送冰淇淋免費試吃，或是請任何願意唱歌、跳舞、吟詩或模仿農莊動物的客人免費吃冰淇淋。店員會穿著特製表演服，他們會帶著道具，他們會丟出一些小問題，他們製造樂趣。」

簡單來說，艾美冰淇淋的員工為顧客以及自家同仁打造經驗。就像其他成功企業的文化一樣，艾美冰淇淋的文化並非自然演化而來，而是有一位領導者特意營造所成，一次創造一個經驗，一次一個人。

　　凱斯指出，席夢思「必須找到適合的員工，並且讓他們以適合的方式行事。因為他們的行為必須具創新性、永不放棄而且自動自發，她必須讓員工在沒人指示之下，知道正確的行事方式是什麼。」

　　換句話說，艾美冰淇淋僅能透過經驗來創造與維繫其特有的思維方式，並由員工自行從經驗中學到展現最大的創意有多重要。一旦員工將經驗轉化成共同的信念，就不需要任何人指導他們怎麼做。他們自然而然會這麼做，變成工作中不可或缺的一部分。

　　席夢思知道，她不能光是指揮員工做什麼，她必須營造經驗滋養出信念，讓員工相信每一個在這家冰淇淋店工作的人每天都要努力工作，發明彰顯艾美冰淇淋文化的樂子與遊戲。

　　為了做到這一點，艾美冰淇淋在聘用前就先讓所有潛在員工接觸到「艾美冰淇淋經驗」。應徵者拿到的不是申請表，而是一個要帶回家的白色紙袋。招聘流程唯一的文書作業，就是在紙袋上寫下應徵者的姓名與聯絡資訊，另外則只有一條指示：用這個紙袋做點東西，一個星期之內帶著紙袋回來。

　　席夢思表示：「只能草草寫下電話號碼的人會發現，艾美冰淇淋並不適合他們，但是利用一個白色紙袋做出不尋常物件的人，多半是有趣的人，很能融入我們這個環境。」

　　在應徵者送回的答案中，艾美冰淇淋看到各式各樣的結果：裝飾華麗的袋子、袋子變成玩偶、袋子中裝著創意影片，甚至還有一個袋子變成了一堆灰。

從一開始，艾美冰淇淋的經驗就強調了「這裏的行事風格不一樣」的信念。這種在招聘流程前端就預先營造出來的簡單經驗，一而再、再而三有效定義、區隔與傳遞艾美冰淇淋的文化，也以極具創意的方式證明經驗如何為你想看到的信念打下基礎。這家狂野又瘋狂的公司得到哪些成果？你可能猜到了；艾美冰淇淋持續獨霸當地市場。

經驗創造信念，正確的經驗創造出你想看到的B^2信念。為加速文化變革，你應自問以下這個關鍵問題：我需要提供哪些經驗，才能建立起組織裏需要的B^2信念？請記住，不管好壞，你都已經建立了現有的經驗（$E1$）、信念（B^1）與文化（C^1），而且，不管你是否是刻意為之，未來也會持續做下去。

提供能促成正確信念的經驗，需要更多的想像力與努力。我們很愛一個不知作者是何人的故事，說到一家製鐵業的董事打算聘用新執行長，藉此擺脫死氣沉沉的文化。新執行長上任後決心改變文化並提升生產力。他希望灌輸給員工的第一條信念，就是不容許任何員工偷懶。他第一次巡查各部門時，在一間辦公室裏看到一位員工靠著牆，其他人則忙著工作。

這位執行長希望讓員工看清楚他是堅定又果斷的主管，於是就把這位閒著的員工叫了出來，並問：「你一個星期領多少錢？」年輕人一臉訝異，但他還是答話了：「一星期四百美元，為什麼這麼問？」執行長回他：「在這裏等著！」他很快地回到自己的辦公室，幾分鐘後回來時拿了1,600美元的現金給年輕人，並附上嚴厲的警告。「這是四個星期的薪水，現在請你出

去，不要再回來了。」年輕人走開之後，執行長對著其他員工展開笑顏，十分滿意自己剛剛發送出去的強力訊息。他問了旁邊的人：「有沒有人能告訴我，那個傻小子到底在這裏做什麼？」辦公室裏另一頭，有一個微小又有點無力的聲音穿過了辦公室座位的分隔板：「他是達美樂披薩（Domino's Pizza）的外送人員。」

時時注意到你創造了哪些經驗以及這些經驗如何影響員工的信念，是每一位領導者必須具備或必須儘快培養出來的能力。任何能順利改變文化的作為，絕對了解經驗的影響力。許多領導者發現，在早期為了改革所做的努力當中，他們營造的經驗無法按照期望影響普遍的信念。若要避免這種事發生在你身上，我們建議你謹記以下四項原則：

原則1　人努力工作是為了確立、而不是消除目前的信念，他們會以目前的信念為濾鏡來篩選新經驗。我們把這稱為選擇性詮釋（selective interpretation）。

原則2　人通常會緊緊抓住舊有的信念，只會在不甘不願之下放棄；人通常會陷入之前提過的「信念偏見」。一如選擇性詮釋，人們這麼做時多半並不自知。

原則3　人通常不會認為自己會抱持哪些信念該由自己負責，反而選擇把這些信念當成根據經驗衍生出的自然且合理結論。

原則4　由於人抱持的信念不會任意改變，因此預測未
　　　　　來行為的最佳指標便是過去的行為。

在某些時候，就像製鐵企業執行長的故事一樣，經驗實際上
會造成反作用力，激發出的信念和你想要灌輸的背道而馳。想加
速過渡期到當責文化，你必須了解詮釋你營造的經驗有多重要。
事實上，一切都仰賴於此。

經驗類別

　　不了解詮釋自己營造的經驗有多重要的領導者，很少能看到組織裏的人採納他們樂見的 B^2 信念。因此，你應該要預期多數你營造的經驗都需要仔細的詮釋，否則，偏好固守 B^1 信念的傾向會傾全力持續下去，打敗你要讓人們看到新事物的努力。

　　由於每個人都以不同的眼光來看待相同的經驗，少有經驗會「靠自己的雙腳站起來」；你要用正確的詮釋挺住經驗。若非如此，你就不能期待人們能準確了解你的盤算。你創造的所有經驗並非完全等重。以我們的觀察來說，領導者為了建立 B^2 信念而營造的經驗，都落在以下四種類別之一。

■ 圖表 5-1　經驗類別 ■

第一類經驗	一項有意義的事件導引出的直接觀點，不需要詮釋。
第二類經驗	需要詮釋才能構成樂見信念的經驗。
第三類經驗	由於被視為不重要，因此是不會影響普遍信念的經驗。
第四類經驗	不論詮釋的質或量，一定會遭到誤解的經驗。

　　我們觀察過多位領導者士，有些人能夠順利營造期望中的 E^2 經驗以建立 B^2 信念，也有些人做不到，之後我們打造出了前述的模型。了解你提供的是哪一類經驗，將有助於你調整必要的詮釋，並決定你是否要重新思考要提供哪一種經驗、以利建立 B^2 信念。請花一分鐘想一想，那位前述的製鐵企業執行長。他自認為營造出的是哪一種經驗？實際上又是哪一種？你可以主張他自以為創造了第一類經驗，但事實上最後提供的卻是第四類。我們不斷看到這種事。不過，只要你採用高效的方法來營造能夠灌輸 B^2 信念的經驗，你就不必經歷這番遭遇。

　　第一類經驗傳達明確、有意義的事件，可直接導引出觀點。管理階層無需詮釋，就可促成樂見的信念。

　　比方說，有一個讓人牢記不忘的第一類經驗，就發生在2000年「千禧蟲熱」（千禧年問題）期間，當時大家都很擔心電腦程式在2000年前處理日期的方式會導致週期重來的問題，引來「千禧蟲」作怪，使得全球以電腦為基礎的系統當機。雖然專家廣泛辯證這項潛在的技術問題是否真有其事，但某些大型航空公司還是在1999年12月31日和2000年1月1日時，把飛機停在陸地上。

　　然而，中國政府發出不容弄錯的訊息，規定在格林威治標準時間1999年12月31日午夜時分，中國籍航空公司所有高階主管都要坐在飛行中的飛機上。這體現了一個明確的第一類經驗，根本無需中國航空公司高階主管多做任何解釋：遵循千禧蟲的處理規則不容妥協。所有航空公司的主管將會盡其所能達成目標。每

一位主管都明白，他們的生命取決於確定千禧之交的午夜飛機能安全飛行！

要找到第一類經驗很困難，因為多數經驗都無法讓每一個人用同樣的方法詮釋。即是中國政府發送出的訊息，看來針對航空公司員工及一般搭機大眾營造了明確的第一類經驗，但仍有某些高階主管實際上把這番經驗詮釋為第四類經驗，覺得政府將他們的個人生命安全置於險境。對你來說是第一類的經驗，對其他人來說可能是第四類。若能謹記這樣的差異，在你要推動文化變革向前邁進時，可助你更有效地重新調整你提供的經驗。

當你設法提供多數人都會視為第一類的經驗時，將可以大力影響人們、促使他們接受你想看到的B^2信念。事實上，說到導引文化變革，沒有什麼比營造第一類經驗更能助你一臂之力。請尋找並掌握每一個可以這麼做的機會。

第二類經驗需要先有謹慎的詮釋，才能讓人們接受你試圖推動的B^2信念。我們之前也說過，你營造的經驗多半都落入這個類別，因為多數經驗都需要某種程度的詮釋。

就像俗話說的「情人眼裏出西施」，我們也要指出，信念也見仁見智。換句話說，要判斷你提供的是哪一種經驗，完全仰賴於你營造經驗的對象，要看他們在做選擇性詮釋時得出哪些結論。他們會不會因此就接受你要推行的信念？有鑑於人傾向於堅持舊有C^1文化中的習慣、觀點和信念，在詮釋時，多半會抗拒所有欲改變舊元素的作為，並偏向C^1的世界觀。舉例來說，有一個被眾人視為無法接納回饋或不願從事跨部門合作的領導團

隊，可能會發現就算營造出新經驗、也很難讓人們用新觀點來看待；當他們嘗試展現嶄新的開放與包容時，人們可能認為這是不符合其本色的特例，也不過就是僥倖一次罷了。

要克服這種天生的信念偏見傾向，需要經過深思熟慮後的作為，如果你正確處理這個問題，仍有可能化解。我們還記得，在事業發展早期曾和「泰勒納提斯公司」（Telenetics，化名）合作過，這家製造商不到五年，就成為一家營業額一億美元的企業。員工都樂於為「泰勒納提斯」效命。顧客排隊要買這家公司的產品，生產量很難高於預訂數字，產品一批又一批運出大門，源源不絕。

在和「泰勒納提斯」的管理團隊合作時，我們對生產線的員工及領班做了一次調查，以評估在普遍的Cˡ文化裏有哪些信念。在多數生產線員工及領班抱持信念當中，有一項讓公司的領導者大為意外：「資深管理階層並未堅守品質。」

起初，管理團隊非常想要撤掉這個回饋意見，完全視而不見，因為這很不正確；畢竟，他們知道自己堅守品質。但是，他們也知道顧客都在抱怨品質的問題，因此他們承認，生產線員工的信念或許有點道理。我們指導他們，設法找出是哪些經驗導引出這條許多人相信的信念。我們著手促成生產線員工和團隊領導者進行開放坦白的討論，此時才發現，員工常常打開呼叫燈號請生產線工程師前來，要他們檢查某個顯然低於製造品質規格的品項。然而，工程師不但沒有報廢這些明顯有瑕疵的產品，反而「總是」給出代表合格的綠燈，讓有問題的品項出貨。在沒有對

決策多做解釋的情況下，傳達出來的訊息很清楚，那就是出貨比品質更重要。

當主管深入探討這項令人困擾的調查結果時，他們發現，工程師之所以決定送出不合規格的產品，是因為產品的瑕疵僅是「好不好看」的問題，通常涉及的都是一些小事，例如顏色不對，而這並不會影響產品本身的功效。也有些問題甚至是因為規格已經過時、現在已經不再適用了。然而，由於生產線工程師永遠都讓這類產品過關，線上員工發現問題時就不再按鈴警示品質控制工程師了，導致真正有瑕疵的產品也送了出去。結果是「泰勒納提斯」送出不良品，顧客不喜歡這樣。

管理階層判定，若要解決品質問題並且不再粗製濫造，他們需要協助生產線員工改採新信念：如果某個品項不符規格，就必須拋棄，沒有二話可說。雖然某些良質的產品會因此被犧牲，但是一定能抓出不良品。他們也決定，為了避免丟掉僅有外觀缺陷的產品，「泰勒納提斯」需要修改過時或寫錯的規格。

主管和生產線員工開會，宣布他們的發現和決定，到現在我們對於這場會議的記憶都還鮮明如昨。一位生產線領班帶著懷疑，站了起來，質問資深領導階層是否真的支持把外觀有瑕疵的產品都丟棄；新政策規定，在新規格還沒修訂好之前，都要這麼做。他得到的答案是：「沒錯。如果需要重寫規格，我們會這麼做。但在這之前，『泰勒納提斯』不會運出任何一件達不到現有規格標準的產品。」

在接下來六個月，生產線上的員工有了完全不同於以往的經

驗。每當他們看到疑似瑕疵的品項時，就會一定打開召喚燈號
警示品質控制工程師，工程師則會下令丟掉任何低於規格要求
的產品。詮釋很一致：「我們不會運出任何一件達不到規格的產
品。」當公司拿出修正後的規格時，工程師就會一絲不苟地遵
行，當他們認為有必要修正規格時，也會提供及時回饋。沒多
久，「泰勒納提斯」在產品品質與客戶滿意度上大有進展，而且
改善幅度能夠衡量：品質提升了五倍，銷售量更是一飛沖天。

六個月後，我們重做一次調查。結果呢？在個人層面上，生
產線的員工如今相信資深領導階層已經改變，完全堅守品質。會
有這番成績，是因為領導團隊聚焦在金字塔的底層，並有效地加
速改變人們的信念，營造出第二類經驗，改變員工的信念、行
動，最終改變成果：在接下來兩年內，客戶申訴少了五倍。

我們曾經訪談另一家客戶的中階主管，談到他們在所屬組織
裏觀察到的第二類經驗。他們告訴我們，資深管理團隊非常努
力，想讓每個人更把為公司創造成果當成自己的本分，因此制定
新的方案，以股票選擇權獎勵組織裏的所有員工。我們進一步探
詢，從執行長口中得知，每一位資深管理團隊成員都要參與行
動，他們每一個人都很自豪於自己這麼努力嘉惠全公司的員工。
這些人很有信心，自家的股票一定會隨著他們預期中的營收大幅
成長而上漲。以提供福利來說，有什麼能比這套方案更能讓員工
的生活富足、增進他們的敬業程度並讓他們分享公司不斷成長的
獲利？

資深團隊裏的每一個人都熱切參與推動新計畫。當他們布達

方案時卻得到了冷淡無所謂的反應，你可以想像他們的震撼。管理團隊簡直不敢相信有這種事。員工居然沒有報以熱情洋溢的掌聲，為什麼？

之後，一場類似全體大會的會議顯示，多數員工並不了解股票選擇權有什麼用處，也不知自己如何從中受惠。他們以為，這個方案代表員工有義務購買公司的股票；他們並不懂，如果選擇以目前的每股股價行使選擇權，之後可以用更高的價格賣出。就員工來看，這套方案代表管理階層強制他們拿出辛辛苦苦賺來的錢，卻沒讓他們賺到投資報酬。

這個場景是很典型的第二類經驗。一旦資深領導者理解必須詮釋這個經驗、並且開始解釋什麼叫選擇權方案，員工就開始非常喜歡這個主意。擁有所有權、可分享公司的績效，讓員工開始更小心思考每天在工作上能做些什麼，好替自己多賺點。他們會瞄新聞的財經版，看看每天的股價漲跌，因為他們很清楚，如果公司表現好，他們賺的錢就更多。這個故事的寓意是什麼？說到要灌輸信念的經驗，千萬別低估特意、特地詮釋後帶來的力量。

在你的文化過渡轉化期初始階段，你一定會發現必須比平常更加頻繁地詮釋經驗，理由很簡單，因為任何想要改變信念的作為，一定會受到持續的挑戰。

信念偏見力量很強大，選擇性詮釋也確實存在。然而，如果你一貫地落實本書的變革方法，就能克服以C^1文化為濾鏡來看事物的傾向，因而協助人們更快速且樂意在C^2文化脈絡下詮釋新經驗。在短暫的時間內，E^2經驗將會刺激組織裏的人們，用

你樂見的 B^2 信念取代原先文化中的普遍信念。

　　至於第三類經驗，這些不會改變普遍的信念，因為，不論好壞，人們都不在乎這類經驗，只當成事物正常模式中的事件。來看看以下的案例：

文化變革期間常見的第三類經驗

1. 把願景與價值宣言張貼在牆上
2. 在公司的通訊刊物上發文
3. 在公司網站上張貼通知與更新資訊
4. 收到每個星期的薪資單
5. 布達管理團隊的聲明

　　原則是，人們不會把這類經驗放在心上，而他們不在乎的經驗將無法說服他們接受新的 B^2 信念。這些經驗若和其他 E^2 經驗相輔相成，或許可以在推動變革上發揮某些力量，但是，你必須注意的是，營造第三類經驗上會花掉不必要時間和（或）資源。你應該把這些資源放在第二類經驗，這些才真的能幫助你促成從 C^1 文化轉變到 C^2 文化。

　　至於第四類經驗，無論你多努力嘗試，人們絕對不會用你設想的方式去解讀。第四類經驗通常會強化你不想要的 C^1 文化下的信念，從而傷害整個組織文化。你應竭盡所能避免這類經驗發生，在你努力帶動文化變革期間尤其如此。有一家客戶曾經說過一個故事，主旨是一個第四類經驗造成的危害。

一家有百年歷史的「CGS」公司（化名），第一次執行大幅刪減預算，導致資深高階主管層級人力大減。「CGS」的高階主管過去從不曾裁掉他們相識已久且共事多年的同事。

在這次事件期間，執行長另外召集了一次高階主管會議，和公司裏120名主管一起開會，在會中宣布他打算為企業的機隊再添一架噴射機。他謹慎地闡述他的理由。他堅稱，這項採購案會加快達成交易的速度，公司需要這樣做才能達成目標。這項聲明震撼了在場的每個人。無論這位執行長多麼完整且仔細地詳述決策背後的理由，大家都充耳不聞。這個典型的第四類經驗強化了整個組織在 C^1 文化中抱持的信念：也就是不能相信領導階層，這些資深高階主管才不管員工死活，高層人士只在乎他們自己。這是一個絕對不應該出現的第四類經驗。

在營造規畫中的經驗時，你可以尋求其他人的回饋意見，有時候你可以就此避免端出第四類經驗。了解他人的觀點將可幫助你理解其他人會如何詮釋這樣的經驗，從而做出必要的調整，甚至完全放棄提供這樣的經驗。行動前多聽多問。然而，如果你認為第四類經驗是你唯一的選擇，那你在推動時就要張大眼睛，事前要先預期到會有的反應，做好準備，並採取適當的步驟，盡量降低這個經驗對於你想強化的 B^2 信念所造成的負面效應。

你的經驗是什麼？

經驗滋養信念，信念激發行動，行動回過頭來創造了成果。當人們持續以強化 B^2 信念的方式解讀 E^2 經驗時，R^2 成果很快就會出現。你可以利用以下的練習腦力激盪，思考你需要為自家組織提供的經驗。

利用下表，找到你需要為所屬組織或團隊營造的 B^2 信念。務必確認這項 B^2 信念在達成 R^2 成果上會扮演重要角色。接下來，找到一個你認為能滋養出這條 B^2 信念的第一類（如果可以的話）或第二類經驗。

思考一番之後，你或許已經得出結論，明白需要仔細規畫才能找到你需要營造的經驗。這通常沒錯。然而，你可以把這項任務變得更輕鬆一些，前提是你要採行正確的步驟，確認你提供的經驗能正中紅心時。

■ 圖表 5-2 提供能夠灌輸 B^2 信念的經驗：你想要建立的關鍵 B^2 信念 ■

經驗的類型	你可以提供用來灌輸 B^2 信念的經驗
第一類經驗 一項有意義的事件導引出的直接觀點，不需詮釋	
第二類經驗 需要詮釋才能構成你所樂見之信念的經驗。	

營造 E^2 經驗的四步驟

你可以採行四項重要的步驟，確認你營造的經驗將會建立起 B^2 信念。倘若跳過其中任何一個步驟，你很可能會發現，在某個時候，你營造的經驗實際上反而強化了你想要改變的 C^1 文化。這些步驟會幫助你在第一次就營造出正確的經驗；然而，若你發現你所做的事無法如你所願影響人們的思考時，也能幫助你修正你的做法。

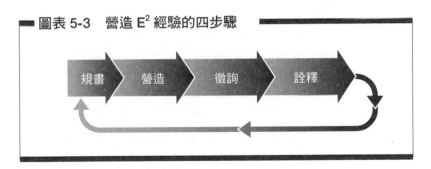

■ 圖表 5-3　營造 E^2 經驗的四步驟

規畫　營造　徵詢　詮釋

請注意，這些步驟是以循環的方式在運作。當你努力建立 B^2 信念時，會發現自己也在規畫 E^2 經驗、動手營造、徵詢回饋意見以及進行詮釋，之後不斷地重複這個循環，把 B^2 信念灌輸到文化裏面。

步驟一：規畫

雖然你會找到很多機會能自然而然創造經驗，但，更重要的是，你也必須事先學著去規畫 E^2 經驗，包括由團隊規畫及由你

自己規畫。做規畫時，請自問幾個重要問題：

規畫 E^2 經驗時

1. 我需要加強哪些 B^2 信念？
2. 哪些人是我設定的營造經驗目標對象？他們會和誰談起這個經驗？
3. 我要營造哪些特定的經驗？這屬於第一類或是第二類？
4. 我要如何營造經驗以利強化 B^2 信念？
5. 營造經驗的最佳時機是何時？
6. 誰能為我的計畫提供參考意見？

你可能會想在上表中多加幾個問題，變成專用於你所屬組織以及你自己的文化變革作為。審慎規畫你要提供的經驗，將有助於你去做人們需要你做的事，建立對於打造你想要的 C^2 文化而言極重要的 E^2 經驗基礎。

步驟二：營造

接下來，你要遵循計畫，營造經驗。這可能會需要一些練習，由你想要達成的經驗性質與範疇而定。還有，請記住，不管如何，你營造的經驗都不可以有任何操弄性質。你的作為必須是真心的嘗試，努力提供象徵真正變革的真實經驗。

不管你為了變革想要影響的對象是誰，若有任何不誠懇的作

為，對方很快就會察覺，一旦發生這種事，所有的心血就毀於一旦。安排讓某個人看到你如何提供經驗並不是壞事；此人可以是你要導入經驗的目標群體中的成員，或是任何你信賴、而且他出現不會讓人分心的人。當然，此人需要知道你的計畫細節，並尋找一些特定的線索。你可以給他們用以下這張問題清單。

旁觀者要回答的問題

1. 我有沒有做到我計畫好的項目？
2. 你認為我營造的是哪一類經驗（第一、二、三還是四類）？為什麼？
3. 你能提出哪些回饋意見，讓我知道我表現得如何？
4. 你對於人們的反應有何想法？
5. 你認為這個經驗能否對 B^2 信念發揮預期中的效果？

利用這類問題，旁觀者可以給你有目標的參考意見，幫助你更有效瞄準對文化變革來說至為重要的 B^2 信念。如果你可以營造出一對一的經驗，或是為遠端的人提供「虛擬」經驗，那麼，請盡量請他們參與整個過程。他們提供的參考資料將能大幅提升你營造 E^2 新經驗的能力。

步驟三：徵詢

這是極重要的一個步驟。如果你不查核，就無法知道是不是打中目標了。多數人會自然而然預期人們能理性、合理行事，而

且和我們看待事情的觀點一致。但你也必須記住他們有著偏見，傾向於堅持 B^1 信念，並且會以舊信念為濾鏡來看事情。這種偏見一定會引發選擇性詮釋，人們在詮釋經驗時不如你所願的機率也會大增。有鑑於這樣的現實，想要把事情做對，回饋意見便十分重要。請記住，**不要相信你的自以為是！**

當你請旁人為你營造的經驗提出意見時，你可以因為得到想要的答案，心滿意足地離開討論會，但是，或許這些提供回饋意見的人只是不願意坦誠，因為他們認為自己說過的話日後可能會回來造成困擾。就連徵詢對方如何看待你營造的經驗，這樣的徵詢與被徵詢經驗也會影響人們的信念。要知道人們實際上如何解讀你營造的經驗，你必須問他們對於經驗的看法，以及他們因此形成的信念。不管你何時提問，務必記住有些事是一定要做的，有些則千萬不能做：

在徵詢回饋意見時要做和不能做的事
1. 不要心生防衛
2. 保有好奇心傾聽人們他人想法
3. 不要用連珠炮似的問題打斷別人
4. 盡可能從最多人身上得到最多的參考意見
5. 不要提出會誤導他人說法的引導式問題

最後一項不可做之事則是：不要忘記，請別人針對你營造的經驗提供回饋意見，這本身也是經驗，也有其意義。如果做得

好，一定可以培養出你所樂見的信念。相反地，如果回饋意見指
向情況並不在正軌上，請執行循環中的步驟四。

步驟四：詮釋

　　營造 E^2 經驗的最後一個步驟，涉及要根據你得到的回饋意
見採取行動，以及採取額外的必要步驟，在詮釋你營造的經驗
時，要做到能讓人們形成你樂見的 B^2 信念。為他人詮釋經驗的
任務內容包括：

1. 說明你希望他們抱持的 B^2 信念是什麼；
2. 解釋你打算如何用經驗來滋養出這條信念；
3. 釐清任何混淆之處，或回答、說明、解釋、釐清人們可
   能會提出的問題。當然，你永遠都要仔細傾聽人們提供
   的回饋意見，因為這會讓你理解到底要怎麼做才是正確
   詮釋你營造的經驗。

　　如果你發現很難讓別人接受你的詮釋，那麼，你提供的很可
能是第四類經驗。若是如此，這有可能是因為你自己失策，或是
因為你別無選擇，那麼，你就要承認事實，並以前述的循環繼續
向前推進，營造能帶動人們走向正確方向的新經驗。

　　請記住，文化會一次改變一個人，任何作為只要能改變人們
所抱持的信念，都值得推動。當人們經歷過幾次改變信念的第一
類或第二類經驗之後，他們就會成為改寫遊戲規則的人，受到刺
激推動新的信念以及 C^2 文化。他們會和他人分享關於這些新經
驗的觀察和洞見。畢竟，當你學到新的、正面的事物時，難道不

會想和別人分享嗎？當你看到環境中出現新的、好的事物時，難道不希望叫別人也看一看？

　　利用這4個步驟營造 E^2 經驗，將有助於確保你的所作所為能導引出 B^2 信念。雖然不見得你營造的每一次 E^2 經驗都來自於特意的規畫（因為你當然會掌握許多機會，主動去做正確之事），但你會發現，這套方法能加快你的能力，帶動文化走到 C^2 的境地。

管理階層必須先身體力行

我們發現，當高層決定要改變組織文化，必須先改變他們自己的團隊文化，幾乎無一例外。更難達成的成果，深富挑戰性的商業環境或是新的管理面焦點，都可能導致管理階層必須針對團隊本身的C^2文化統整協調到更一致、釐清得更明確並擔負起更大的責任。這表示，任何組織全面性的作為，都應該從針對管理團隊營造E^2經驗開始。

歐洲就有一家公司的管理團隊這麼做。「機械大師」（Mécaniser，化名）是一家小型的家電製造商，面對更創新的競爭對手只能奮力掙扎。我們針對資深管理階層所做的評估顯示，這個分崩離析的團隊，只在意他們個人的角色，彼此指責，藉此為疲弱不振的績效找藉口。新總裁「克勞德・紀優」（Claude Guillaume，化名）走馬上任，重振這家企業。「紀優」一到任，隨即嘗試為團隊營造新的E^2經驗，強調改革的必要。在管理團隊會議上，他公開面對績效的問題，並果決地做出策略上的決策。他的做法是先建立起新的B^2信念，好讓管理團隊及整體組織了解要如何，情況很快就開始起了變化。

事實上，在「紀優」加入團隊的第一年，就讓「機械大師」的文化產生了相當的轉變，創造出可觀的績效改善。然而，當這家公司「唾手可得」的成果都已到手，後續的成果標準愈來愈高、愈來愈難達成時，進度就進入了停滯的高原期。「紀優」很快就發現，他無法在沒人協助之下從根本上扭轉這家公司的經營

方式。

　　就在此時，「紀優」請我們協助「機械大師」團隊進行評估，看看他們需要做什麼，才能改變文化並達成明年設定的 R^2 成果。計畫上的數字代表了的艱鉅的挑戰，顯示策略走向必須做相當程度的改變，這需要進行重要的資源部署，而且也需要發展現在還不存在的內部流程。雖然「紀優」與團隊之前有了些進展，但他們知道，若不改變文化、從管理階層做起，就無法完成計畫。

　　「紀優」也明白，雖然他有意、而且之前也成功為這一群人營造出能贏得他們關注的經驗，但他現在需要整合這一群人，打造出一支更高效的團隊。他們合作定義出「機械大師」的管理文化，發展出一份組織文化信念宣言，精準闡述了這家為了達成 R^2 成果必須採納的關鍵 B^2 信念。

　　有了明確的組織文化方向後，「紀優」便開始著手營造新的 E^2 經驗，支撐起整個管理團隊的組織文化信念。獲得回饋意見、了解自己該如何更完整體現新的 B^2 信念之後，「紀優」找到了一個他可以為管理團隊營造的第二類經驗：他可以少挑戰這些主管、多傾聽他們說什麼，藉此在管理群體中建立諮商性質與協力特色更強烈的決策流程。

　　當「紀優」和團隊分享這個想法時，他很高興聽到每個人都同意，認為這樣的第二類經驗可以大力帶動新的信念：我們都在同一條船上，成功或失敗都看我們這一群人。管理團隊過去向來把他當成聰明的策略家，但也覺得他太少給他們機會參與策略性

決策。他承諾建立團隊性質更強的企業經營取向，從例行的會議中獲取參考意見，並真心地努力了解其他團隊成員的觀點。光是「紀優」願意傾聽回饋意見這一點，就已經營造出了 E^2 經驗，大有助於說服團隊他很認真想要營造組織文化信念所描繪的 C^2 文化。

團隊也知道，他們需要因應「機械大師」裏其他人廣泛抱持的 B^1 信念：管理階層在運作時並不像一個團隊。他們能為整個組織營造出一個第二類經驗、開始改變 B^1 信念嗎？他們要如何醞釀與敦促新的 B^2 信念，讓大家相信管理階層團隊會為了讓組織能成功而同心協力？他們認為這是一項關鍵任務，因為，截至當時，「機械大師」的其他團隊一向以他們馬首是瞻，這也解釋了全公司都面臨了各團隊無法發揮成效、決策無法互相協調配合的問題。

「紀優」和他的團隊決定啟動他們要營造的 E^2 經驗，從去員工餐廳和大家一起吃午餐做起。過去，少有任何主管會到那裏去，更別說整個管理團隊一起了。想像一下，一整個資深管理團隊魚貫進入員工餐廳，同坐在一張桌旁用餐，是什麼樣的情境。這群人午餐時一起出現，吸引了眾人的注目，成為當天茶餘飯後閒談的主題。更重要的是，看到這一幕的人認為，這群人看起來還蠻喜歡彼此、樂於和對方作伴。加上說了一些適當的評論給適當的人聽，這個團隊也提供了明確的詮釋：「我們希望團隊同心協力做到更好，我們也希望大家都明白這一點。」

管理團隊也同意，他們自己也需要更多新的 E^2 經驗。一開

始，他們先改變主管會議的座位表。從前，「紀優」會作在會議桌的主位面對大家。以他們過去開會的小會議室來說，這是很適合的安排，但是，何不換個地方開會，讓他們可以圍坐，消除明顯可見的階級，並讓他們可以面對面看到彼此？

　　這些 E^2 經驗，再加上其他，開始在管理團隊和整個企業裏注入了新的信念。在不斷強化之下，「機械大師」領導者為彼此營造的 E^2 經驗，建立起符合組織文化信念所描述的管理團隊文化，並朝向達成 R^2 成果邁進。

打造成果金字塔

要讓組織文化轉型，或是要讓戰略性的變革更為扎實，你必須開始營造與樂見的 B^2 信念一致的 E^2 經驗。我們常會問：「說到要體現組織文化信念，需要改變的最重要人士是誰？」當然，答案是「就是我」。文化會一次改變一個人。你能提供的最重要 E^2 經驗，就是你體現了組織文化信念，展現你確實會將信念應用在執行日常工作之時。

負起責任體現組織文化信念，並且營造必要的 E^2 經驗以扶植與推動正確的信念，比什麼都更能加速文化變革。當你形塑這些關鍵 B^2 信念時，就發送出信號給和你共事的每一個人：我們在這裏便是這樣做事的。這麼做不僅能推動 B^2 信念，更能直接了當闡明你身為變革領導者的可信度。

利用這一章，我們也總結了相關的檢驗，說明如何運用成果金字塔掌握的四項組織文化要素（成果、行動、信念和經驗）、以及如何用它們來加速文化變革。在第二部中，我們將會介紹一些實務工具、祕訣以及技巧，幫助你整合變革，並讓你的組織文化加速從 C^1 轉變到 C^2，到最後，讓你達成 R^2 成果。

第二部

整合 C^2 文化下的最佳實務操作，加速文化變革

本書第二部要告訴你如何在組織裏的每一個層級應用 C^2 文化下的最佳實務操作，以加速文化變革並獲致 R^2 成果。將最佳 C^2 實務操作整合到組織現有的系統、架構與做法中，可以強化文化，並讓你在這一路上快馬加鞭，更迅速營造出當責文化並能長期維繫下去。我們相信，當你踏上這段你專屬的旅程、奮力達成改寫遊戲規則的成果之時，你會發現，我們針對整合所提供的客戶案例與實務最佳做法建議十分有用。

第六章　統整文化，快速進步

在第二部的開始，我們要談的是，如果想成功整合成果金字塔和組織文化信念，讓你得以持續創造出 R^2 成果，究竟關鍵何在。持續整合需要統整協調流程中的每一個階段。

首先，資深領導團隊成員必須環繞著以下幾點調整到一致：組織需要創造的 R^2 成果、從根本上由 C^1 轉變到 C^2（這需要讓組織上下所有人改變思考與行為）以及 B^2 組織文化信念（這用來描述對於達成關鍵 R^2 成果而言最重要的文化轉變）。接下來，團隊成員也必須在其他面向協調統整，重點在於要如何使用關鍵文化管理工具，以及要如何將工具完全整合到組織的管理實務操作上。

要能成功加速文化變革，前提是組織裏的每一個人，以及各個部門在行動、信念與經驗都要統整協調到一致。文化協調統整的完整度愈高，每一個人就愈會把重心放在達成 R^2 成果上。高效的文化變革領導者，會設法以成果為核心協調統整文化，並在之後努力保持下去。他們所說的話、所說的事都能營造 E^2 經驗，從而強化激發出能創造 R^2 成果的必要行動。他們會避免去

說導致文化分歧的話、避免去做讓文化不一致的事，例如拔擢在日常工作中並未展現組織文化信念的員工。這道理看起來或許顯而易見，但升遷是一種說服力很強的經驗，會嚴重衝擊人們抱持的信念。在朝向 C^2 文化邁進時，提拔並未體現組織文化信念的員工，就好比帶著組織跳入一個大坑洞。這類坑洞會使得你們腳步不一致，如果坑洞太多，更會讓你們動彈不得。正因如此，你必須在組織的每一個層級上持續地營造並維繫一致性。

以一致為核心的協調統整

　　辭典把「**協調統整**」（alignment，本書中另譯為「一致」）定義為調整事物中和其他事物相關的部分，各自處於適當的位置。當你努力加速帶動文化從 C^1 轉型 C^2 到時，需要密切注意、調整文化的各個部分，好讓彼此相關的部分各就各位。除非經驗、信念與行動都能契合並強化 R^2 成果，不然的話，不可能會實現有益、快速的文化變革。

　　當成果金字塔的各個部分無法協調統整時，大家都會知道！人們會有各自的盤算並且保護自己的地盤，壓力因此大增，決策會引發事後諸多揣測，而幾乎一切都慢如牛步，文化變革的速度更是如此。

■ 圖表 6-1　無法達成一致的文化

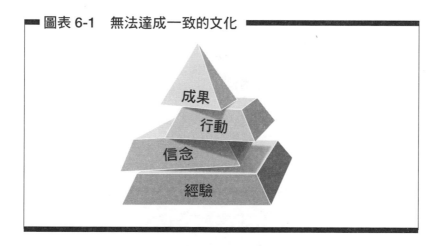

　　以成果金字塔做為參考點，我們發展出一套「統整協調」的定義，可以套用到所有欲改變文化的作為：

　　統整協調，是集體在追求明確結果時達成的共同信念與一致行動。

　　這個定義指向成果金字塔的每一個部分要環環相扣，每一個與欲達成的 R^2 成果相關部分，都要處於適當的位置。當所有部分調整到一致，每個人都朝著相同的方向邁進，你就能加快文化變革的速度；每一個人都聲氣相通，大家感受到的壓力都減輕了，決策更有效率，而且幾乎做什麼事，速度都更快了。

■ 圖表 6-2　達成一致的文化

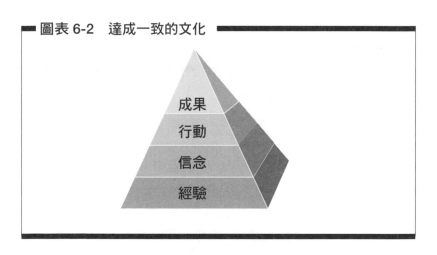

　　在當責文化流程中，文化變革的速度直接反映你以 R^2 成果與組織文化信念為核心、營造出來並持續維繫的統整協調度。

長期維繫高度的統整協調

一如管理文化，維繫高度的統整協調也是一道連續的過程，而非單發事件。這項任務永不結束。你或許能以 R^2 成果和 C^2 文化為核心協調出一致性，但在某個時候，R^2 成果很可能需要變成 R^3、C^2 文化要轉成 C^3。當你努力扭轉你的文化並創造 R^x 成果時，知道如何管理文化以達成 R^x，是你必須學會、甚至必須精通的領導職能。

有一個絕佳案例，適切闡述如何持續管理文化以追求長期成就，那便是我們在第二章中介紹過的 CPI 公司，但這次要談的是後續第二部。你還記得，曾經有人說過 CPI 這家公司是「在結冰道路上，以每小時一百五十公里的速度奔馳，直衝懸崖。」當時公司開發不出新產品，於是員工戲稱這家公司「無法找到出路，連紙袋也掙脫不了」。

然而，在格拉夫的領導之下，並以我們在本書中所述的當責文化流程，CPI 僅花了短短幾年之內，就改寫了遊戲規則，成為「一部新產品開發機器」，營業額從 2.5 億美元增至超過 10 億美元。

這家公司大幅創新，重新定義了心律治療領域的整個產業。曾有一度，CPI 成為新設立的蓋登公司集團旗下的要角（製藥大廠禮來〔Eli Lilly〕的幾家醫療設備子公司從母公司分割出來，之後成立了蓋登公司）。分割當時，CPI 改名為心律管理集團（CRM，Cardiac Rhythm Management Group），成為新公司蓋

登的中流砥柱，撐起營業額。佛瑞德・麥考伊（Fred McCoy）在CPI第一次採用當責文化流程時擔任財務長，他後來成為這家公司的新任執行長。

麥考伊面對的是艱難的任務，他要設法讓這公司持續成長並保有獲利能力，先求能創造出與過去相當的成就，然後設法超越。CRM集團持續經營著心律相關市場最出色的產品開發引擎，生產產品的速度遠快過競爭對手。實際上，上市不到十二個月的新產品銷量，在CRM的總營收中占比超過六成。

雖然CRM擁有同業最佳的產品開發能力，臨床相關產品的開發機制也快速讓新的心血管相關產品上市，但有些東西變了。過去的CPI，已經變得對於產品與產品特色過度自信。實際上，公司的領導者向來假定：「只要我們做出來了，客戶自然就會來。」

然而，雖然持續推出新產品，市占率卻不如理想，他們本來假定憑藉科技優勢應能占得更大的市場。不過，客戶想要的不只是新產品，他們想要一家能輕鬆往來的企業。顯然地，CRM需要多做一點，才能贏得客戶，從而讓病患接受蓋登推出的療法。

為達目的，麥考伊知道他的領導團隊必須把開發產品的成就擴大，在公司內部所有其他部門遍地開花。

他的第一項任務，是要讓公司裏的每一個人調整到一致，要從R^2轉變到R^3。由於這家企業之前推動過變革，因此他善用了管理團隊原有的技能，讓管理階層以新目標為核心協調統整，之後借力使力，讓全公司步調一致。CRM從R^1轉變到R^2、現在又

要轉向 R^3，這一路隨之出現的文化轉變，具體而微說明所有組織長期要努力保有競爭力，並且在賽局中保持領先，是一條漫漫長路。

　　文化，並非一蹴可幾，文化永遠都需要根據你想達成的成果（ R^x ）進行管理。再強調一次，管理文化並非單發事件，而是一道連續的流程，要保有持續且警醒的注意力，才能維繫成果金字塔內各部分的一致性。

■ 圖表 6-3　從 R^1、R^2 到 R^3 的轉變：以心律管理集團（CRM）■
　　　　　　　為例

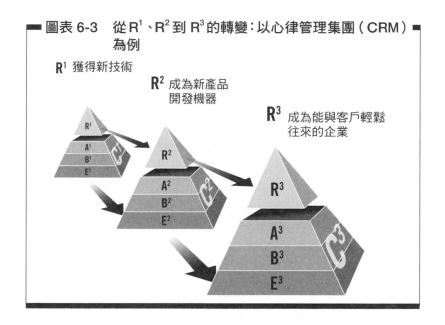

R¹ 獲得新技術

R² 成為新產品
開發機器

R³ 成為能與客戶輕鬆
往來的企業

　　CRM的轉變到 C^3 文化，反映的是文化上的戰略轉變，而不是整體的轉型。由於之前成功過，因此他們很有信心能再度達陣。他們的組織文化信念轉變很簡單：擴大在產品開發面向上已

經建立起來的贏家文化，遍及於公司內部的其他單位，讓企業裏每一位員工都能如產品開發單位一般，同樣以高度的競爭優勢來營運。行銷、製造、品管和每一個其他部門，都需要在各自領域上提出競爭優勢。

麥考伊和管理團隊一同努力，調整這套過去帶來許多益處的組織文化信念，以反映他們需要順利轉化過去的新 B^2 信念。圖表6-4表示調整前、後的組織文化信念是什麼模樣。

CRM團隊更新了信念，找出公司為了達成 R^3 成果需要如何從 C^2 轉變到 C^3，並加以描述。

統整出新的一致感後，管理團隊再度將文化管理工具（聚焦的回饋、聚焦的故事講述與聚焦的認同）付諸實踐，以加速變革。企業裏的每一個部分都躍躍欲試，努力體現為了達成 R^3 成果必要的行動，成為「一家能讓人輕鬆往來的企業」。這次轉變到 C^3，又成為另一次的改寫遊戲規則事件。培養出新能力之後，CRM成為醫師與病患眼中成為能創造並持續價值的企業，全力在一個艱困但成長快速的競爭激烈市場奮鬥，五年內營收又再度倍增。

波士頓科技心律管理集團後來買下蓋登，總交易金額達270億美元，其中CRM的份量超過200億美元。從禮來分割出來算起，一直到十年後由波士頓科技買下為止，蓋登的股價從每股3.62美元（已針對股票分割進行調整）漲到80.10美元。蓋登和CRM變成醫療科技公司史上績效最好的公司之一。曾經待過CRM的員工，後來陸續在多家成功的醫療科技公司擔任科技與

執行的高階主管。

■ 圖表 6-4　組織文化信念：以心律管理集團（CRM）為例（二） ■

R^2 組織文化信念	R^3 組織文化信念
客戶導向 我鎖定客戶的需求，並竭盡我所能去做每一件事，確保客戶滿意我們的產品與服務。	**讓客戶振奮驚喜** 病患與客戶為先，我要透過自身每一次的行動贏得他們的信任。
持續改善 我每天努力改善我的績效以及我的責任區域。	**延長生命並增進生活品質** 我持續努力提供我們的療法，並設法讓這些療法為人採納。
承擔風險／創新 我承擔合理風險好推動團隊朝向目標前進，我採取創新的方法以解決問題並因應阻礙。	**先驅的解決方案** 我創造跨越傳統思維範疇的獨特解決方案。
當責 我負責說到做到。	**落實當責** 我正視現實、承擔責任、解決問題並著手完成。
人員的發展 我承諾透過支持的、正面的輔導及回饋來協助其他人。	**釋放潛力** 讓潛能盡情奔放！
溝通 我會事前主動報告我和團隊的進度，我會針對我們達成目標的進度提供並接受回饋。	**讚頌卓越** 我看到、我歡呼、我讚頌卓越。
堅守企業目標並和其一致 我承諾自己會達成 CPI 的企業目標，而且行事時會契合這些目標，採取必要的行動。	**求勝** 勝利是我的習慣，勝利讓我在贏家團隊裏占有一席之地。

　　就像CPI／CRM故事所蘊含的意義一樣，你讓文化統整到一致，之後仍要持續努力，長期維繫下去。這需要明確與聚焦的作為。你永遠都不能只是「安裝」一個文化之後就忘了這回事。維繫文化中的統整協調是關鍵的領導技能與職能，在現今複雜且競爭激烈的環境中，你每天都必須用這項能力來管理變革。

會逼著你偏離一致的力量

一家公司的文化不會永遠自行協調一致。這個世界上總會有各式各樣的力量逼迫著你，讓你的團隊、組織甚至你自己偏離一致。這些力量也會發揮強大的牽引力，把人拉到「水平線下」，把一家公司帶回舊有的C¹文化。領導者與組織幾乎每天都必須與這些重要力量奮戰，有一些你一定知道。

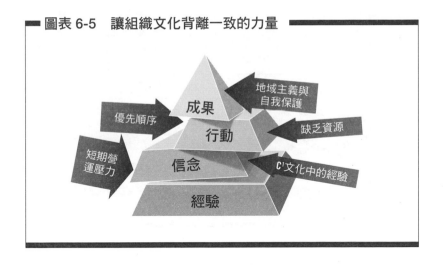

■ 圖表 6-5　讓組織文化背離一致的力量 ■

C¹文化中的固執經驗會強化舊有B¹信念並將組織推向錯誤方向，若要克服，你必須持續監控這些威脅。這需要時間與精力，因為這些力量不會自行消散。當這些力量逼迫你的團隊或組織偏離一致，或者看來就要發生這類情況時，你要能夠學會辨識。請看看圖表6-6列出代表不一致的信號。

圖表 6-6　代表不一致的信號

當你要求做決策時，人們保持沉默，不說出自己的意見。

人們的行動持續地讓你覺得訝異，因為這些行動和大家都同意的方向並不一致

當你竭盡全力處理某個問題，帶動整個組織向前邁進時，卻不見任何具體進展。

在會議中，人們不斷提到你原本以為已經解決的問題。

人們為了沒有進度而抱怨、尋找藉口與怪罪別人。

你觀察到大家沒有把落實既定的行動方針當成自己的分內事，也沒有熱忱。

人們對已經決定的決策或方向表達歧見。

　　不一致的威脅永遠不會消失，因為這就是組織生活的現實，但是你還是有可為之處。最重要的是，當人們與組織偏離一致時，你必須要能識別；這樣的不一致會拖慢你為了營造新文化所做的一切嘗試。你要謹記這樣的現實，並保持警覺，找出任何不一致之處，並快速行動修正問題。

支持改變的依據

透過統整協調創造出必要的「臨界質量」（critical mass），應是每一個參與文化變革流程管理團隊要念茲在茲的事。**臨界質量**原本指的是為了創造與維持核子連鎖反應必要的最少量正確物質。

引發核反應不只需要正確的物質，還必須有正確的數量。要啟動「文化連鎖反應」，你需要集結正確的人，而且要達到臨界質量；所謂「正確的人」，是指這些人會把變革流程當成分內事，認同 R^2 成果以及組織文化信念。

把變革流程當分內事的人若能達到臨界質量，便能營造出可觀的一致性與正面動能，讓文化變革的作為充滿活力並向前邁進。這些早期採行者對於整體努力的成敗非常重要，因此你應專注於培育及滋養這些人。

要達到臨界質量、讓組織真心接受文化變革，你必須整備組織裏的關鍵人物，讓他們展現身手。這些人將能營造出早期的 E^2 經驗，刺激「等著看」的人，讓他們看看到底發生了什麼事。

要啟動文化連鎖反應，你必須要有強而有力的依據來支持變革。每個人都想知道組織是基於哪些根本理由必須達成 R^2 成果。

變革的依據是必須達成 R^2 背後的理由，營造出脈絡，解釋我們**為何**需要改變文化以及為何是**現在**要改變。變革依據愈有力，你就愈可能讓眾人將變革「當成分內事」，真心接受文化變革。我們發現，最動人的變革依據一定納入了最佳實務操作。

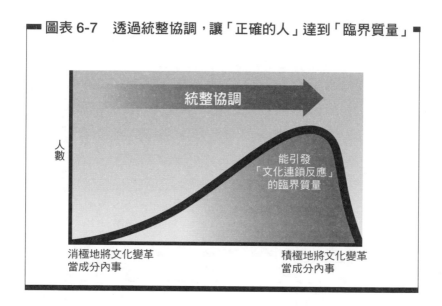

■ 圖表 6-7　透過統整協調，讓「正確的人」達到「臨界質量」■

統整協調

人數

能引發
「文化連鎖反應」
的臨界質量

消極地將文化變革
當成分內事

積極地將文化變革
當成分內事

提出變革依據時的最佳實務操作

1. 依據要真實

2. 依據適用於目標對象

3. 依據要單純且可重述

4. 依據要有充滿說服力

5. 依據要轉變成一場對話

　　真實，意指要確保支持變革的依據能捕捉到現實，理解商業環境、競爭立場和利害關係人相關要求。要用適合於目標對象的方法表達商業上的依據，或許需要先做一些研究與準備，但這麼大有好處。當你把依據變得單純，第一次聽到的人就能輕鬆地說

給別人聽；能重複就可維持連鎖反應。當然，你應該加入任何必要的事實、數字與重點，好讓變革具有說服力。最能打動人心的變革依據，會清楚勾勒出成果的模樣，並說出大家要做些什麼才能達到目標。

提出變革依據時，要把這變成一場對話，而非獨白。你愈快在組織內展開變革依據對話，就愈容易讓早期採用者做好準備參與。那樣的對話也可以幫你累積出必要的臨界質量。

若聽到很多人在對談變革依據，你可以把這當成統整協調流程正在運作的明確信號。如果你在組織的對話中沒有聽到這個主題，如果你在會議上沒聽到有人自發說起這件事，那麼可能代表你並沒有運用一項或多項最佳實務操作來建構強大的變革依據。若是如此，請回過頭去再試一次。你就是一定要把事情做對才行。如果沒有，文化變革流程就不會如你所願，那般平順或快速地往前推進。

快速地營造出「這是我的分內事」的氛圍，將會加速文化過渡轉化、孕育出扭轉信念所必要的經驗、引發適當的行動並達成樂見的成果。遵循下述的統整協調步驟，將可幫助你在過渡期及早營造出一致性與累積出臨界質量。

領導階層統整協調流程

多年來，我們發展出一套名為「領導階層統整協調流程」（Leadership Alignment Process）的模型。我們將這套流程應用在推動文化轉型的早期作為，藉以發展變革依據、定義 C^2 文化並草擬組織文化信念宣言。模型包括六大關鍵要素，有助於確保你能達成一致。

你可以應用下述的領導統整流程六步驟，來確保個人、團隊或整個組織以關鍵決策為核心達成一致。

步驟一
參與：納入適當的人選

要營造一致，你要確定在參與流程中確實納入了對的人。說到為組織文化變革設定方向，適當的人選最可能包含資深階層的人，而，很多時候，也包括高階主管團隊裏的成員。

關於具體決定哪些人應該參與流程以及何時參與，你在文化過渡轉化流程（Cultural Transition Process）必須及早做出幾個關鍵決策。

參與的早期關鍵決策
1. 應該請哪些人一起針對現有 C^1 文化做初步評估？
2. 應該請誰幫忙定義 R^2 成果？
3. 應該請誰幫忙提出變革依據？

■ **圖表 6-8　領導階層統整協調流程**

1. 參與	納入適當的人選
2. 當責	找出將由誰做決策
3. 討論	確定人們有話直說，而且有人聆聽
4. 當成分內事	把組織的決策當成自己的決策加以推動
5. 溝通	契合要傳達的訊息
6. 後續追蹤	查核與測試一致性

4. 應該請誰幫忙撰寫組織文化信念宣言？

5. 應該請誰設計我們落實文化過渡轉化流程的方法？

6. 應該請誰向整個組織溝通傳達文化變革？他們又該怎麼做？

7. 誰應該接受額外的輔導訓練以文化變革流程的領導者？

當你在選擇與納入適當人選時，應自問：「我們需要聽到哪些人的心聲才能做出正確的決定？」

舉個例子來說，有一家大型雜貨連鎖企業的部門總裁，他執行當責文化三條路流程（Three-Track process called the Culture of Accountability Process）中的第二條路（我們搭配本書提供訓練與諮商流程）。這位總裁找到十一位他認為能提供必要參考意

見的人，其中幾個並非直接向他報告，包括一位掌管分店在內部
「員工敬業度」調查中得分最高的店經理。

這些人會參與某些文化過渡轉化流程的早期決策，尤其是在
編寫組織文化信念宣言時。當你要決定應該納入哪些人時，可能
也要考慮到要為了執行這些關鍵決策，必須負起責任的最重要人
士。

步驟二
當責：找出將由誰做決策

在努力統整協調達成一致時，參與決策流程的人應該要知道
將由誰做決策，以及他們會如何做。

我們發現，決策模式若是由一位領導者而非集體共識主導，
此時文化當責流程能發揮最大效果。

你不要讓委員會為了決策負起責任，你要叫領導者負責。就
我們來看，講到文化過渡轉化，領導者的領導模式是最高效的方
法。

事先找出負責做決策的人，可以強化並加速統整協調的流
程，在發展組織文化信念階段時尤其如此。若不找出來，團隊在
流程中可能會迷失，進度也會停滯不前。

雖然我們協助客戶執行協作式的方法，在發展組織文化信念
時鼓舞所有團隊成員熱烈參與，但我們發現，讓所有參與者都了
解組織文化信念最後會有幾條，和信念宣言的遣詞用字，都由組
織領導者定奪，會很有幫助。

　　體貼謹慎的領導者在絕對必要時才會訴諸表決。加速文化過渡轉化，是一項在團隊參與環境中由領導者引導的作為。

步驟三
討論：確定人們有話直說，而且有人聆聽他們說的話

　　要在文化過渡轉化流程中營造一致性，就必須鼓勵人們參與以文化變革為題的持續性對話時說出真心話。雖然做決策的不是團隊，但領導者仍需要團隊的幫忙，才能做出正確的決策。人們要說出心裏真正的想法，領導者才能在拍板定案前獲得必要的參考意見。要促成這類對話，每一位身在其中的人都要努力，確定大家都能感受到當自己坦誠討論商業環境下的變革、現有文化的問題以及帶動現有信念的經驗時，會有人去聽他們的心聲。

　　公開的討論、自由的表達以及彼此尊重的辯證，能讓人們誠實說出對必要變革的看法。要達到最高效，你需要營造歡迎正面質疑的環境，促使對話中出現關於文化過渡轉化的真正辯論。如果你遵循圖表6-8列出的簡單基本法則，可以更輕鬆完成本項任務。

　　讓每一個人都堅守基本原則並鼓勵持續、公開的對話，在文化過渡轉化期間可以加速營造與維繫一致的流程。

步驟四
當成分內事：把組織的決策當成自己的決策加以推動

　　你可能聽過一種說法：「如果該說的都說了、該做的也都做

了，那說的一定比做的多。」一旦你做出決定，一旦你決定行動
方針，那就必須確定群體的每個人把這些決策當成自己的決策並
大力推動，就好像是他們自己選擇了這條路徑。基本原則是，所
謂推動決策，就要把這當成是自己訂下的決策，不管你是否完全
認同。

　　領導者用來展現他們的協調一致並推動文化過渡的方式，必
定是圖表6-9中提出四種方式之一。

■ 圖表 6-9　正面質疑的基本規則流程

1	聚焦在議題而非人格特質，避免人身攻擊。
2	區分你自己的意見和你已知的事實。
3	承認你自己有「暗中的盤算」。
4	確定你在辯證之前已先重述他人的觀點。
5	不要插嘴。
6	如果你認為有人「躲起來了」，請和對方確認，問問看他們有什麼想法。
7	杜絕「走廊上」的討論；在會議上分享你的觀點。
8	承擔所有你在討論中該承擔的責任。
9	請記住，目標是以團隊的姿態向前邁進；不要散播歧見，應該展現對於決策的權力支持。

被歸在「支持」類別的人，會認同決定要邁向C²文化的邏輯，但不會採取實質的行動投入其中。但是，他們也不會抗拒變革的作為。歸屬於「提倡」類別的人，會談論變革的需求，甚至會湧現出一定要改變的迫切感。他們完全支持邁向C²文化的決定，但可能會慢一點才挺身而出引領流程。歸於「主導」類別的人，會把時間與資源花在變革相關的作為上，並揮舞大旗一馬當先成擔任領導的角色。最後，「鬥士」展現改變遊戲規則的作為，推動當責文化的流程，並讓這成為整個組織最首要也最核心的考量。

■ 圖表 6-10　推動文化變革的四種方法則流程 ■

支持	認同文化有必要過渡轉化，雖不付出努力但也不抗拒。
提倡	公開討論變革的需求，也展現出此時此刻就要變革的急迫感。
主導	這種人會把時間及(或)資源優先分配到文化過渡轉化，把這視為優先性高的待辦事項。
鬥士	為文化過渡轉化的成敗負起責任，展現以下的作為： • 確定他們的日常行為明確展現了組織文化信念。 • 以組織文化信念為核心，持續尋求與接受聚焦的回饋，同時參與聚焦的故事講述和聚焦的認同。 • 持續為共事者營造新經驗。

文化要能順利過渡轉化，組織需要的遠不只是一、兩位鬥士。事實上，能有成功的文化變革，都是因為在整個組織裏、在每一個部門與每一個層級都有鬥士熱切地推動這項使命。他們運用文化管理工具，向外提供聚焦地回饋，運用聚焦的故事講述具

體呈現組織文化信念，不斷地談論關鍵的R^2成果，並持續使用聚焦的認同。鬥士會集結出必要的參與度，推動文化這顆大石向前轉動。

步驟五
溝通：契合要傳達的訊息

高效領導者「說該說的話」，而且嚴肅看待！當團隊成員完成組織文化信念宣言草案走出會議室，每一個人都必須努力在自己的影響範圍內營造出一致的經驗，以強化正確的信念、行動與成果。常有的現象是，管理團隊花的時間不夠，不足以針對他們應該傳達的內容以及他們何時應該進行溝通達成一致。

以高效能對整個組織傳達溝通文化變革，看來像是明顯的步驟，但需要刻意和特地的努力才能做好。你的溝通必須要能克服以下常見的扼殺變革態度。

扼殺變革的態度
- 這是另一套口惠不實的方案
- 這只是領導者個人偏愛的專案
- 又來了，以前就失敗過
- 這不過是敷衍了事
- 這會胎死腹中

且讓我們面對現實；講到要做些什麼來改變組織，通常都會讓人覺得有點煩。他們之前看過太多失敗的嘗試，引發的只是沒

有持續影響的第一層短期變革。若能提出一套溝通計畫，克服過去 E^1 經驗造成的障礙並傳達目前的變革信念，對於達成組織全面的一致性而言非常重要。

　　每一個領導者都要做功課，準備好以具說服力的方式溝通傳達變革依據、R^2 成果、組織文化信念，和內部的文化變革做法，並與其他管理團隊成員協調統整達成一致。堅守訊息內容、傳達每一個人都同意要傳達的資訊，將有助於把話快速傳播出去。

步驟六
後續追蹤：查核與測試一致性

　　如果主管不追蹤、不能完全負起責任說到做到，文化變革就不可能成功。要確保文化能順利變革，你應持續查核並測試一致性。我們發現，規畫定期查核管理團隊，對於文化的過渡轉化而言至為重要。一如往常，這類會議要有開誠布公的對話，討論實際上的情況以及大家真正的感受是什麼。在團隊會議中測試一致性時，以下這些一致性查核點是很好的起點。

　　若要達成最高的效能，我們建議你發展出專屬的特定查核點，供群體會議時使用。這些查核點能幫助你持續監控團隊的協調統整度，並導引你把心力放在最需要修正之處。領導階層統整協調流程能幫助你高效而快速地完成本項任務。請記住以下的基本原則：管理階層愈能針對文化過渡轉化高效統整自身。以及整個組織，組織便能愈快轉化為改寫遊戲規則的文化。

■ 圖表 6-11　一致性查核點 ■

✔	對於需要改變思考與行事作風的迫切性，我們是否達成一致？
✔	對於組織的文化信念，我們是否達成一致？
✔	對於期望大家會採取的行動，我們是否達成一致？
✔	對於我們以團隊的形式營造、以引領變革的經驗，我們是否達成一致？
✔	對於我們每個人都承諾需要為組織創造新的經驗，我們是否達成一致？
✔	對於我們同意要求自己為變革負擔起的責任，我們是否達成一致？
✔	對於我們要說什麼以及該怎麼說以傳達變革，我們是否仍達成一致？

　　統整協調是連續的過程，並非單發的事件，這是你必須不斷努力以達成的境界。在文化過渡期間，最能影響結果的因素，是管理團隊能否以 R^2 成果、變革依據、組織文化信念和 C^2 文化，以及改變文化的方法為核心，完全統整協調到一致。光是達成一致，便是最重要的變革流程加速因子之一。

　　你如果不管理文化，文化就會管理你。當你決定要出手管理時，首先必須創造必要的統整協調，讓所有人一起朝向你預定的目標前進，然後持續維持下去。統整協調，是每一個人都需要學習與精通的領導能力。強化你的能力，出現不協調時能感測出

來、之後營造一致並維持，將能帶來極大益處，不只在文化過渡轉化流程當中如此，當你聚焦在創造成果時，每一方面的領導都會是如此。在第七章，我們會介紹三項文化管理工具，幫助你加速文化過渡轉化，並達成 R^2 成果。

第七章　應用三項文化管理工具

　　現在，你已經了解要如何營造一致性，藉此利用成果金字塔建立改寫遊戲規則的文化了，接下來，就能開始應用三項可讓變革作為更快速發揮成效的重要文化管理工具，包括：聚焦的回饋、聚焦的故事講述以及聚焦的認同。這些工具將協助你把組織文化信念整合到你的組織文化當中，加速邁向 C^2 文化以及你想要的 R^2 成果。

　　我們設計這些工具，幫助你因應 C^1 文化對變革的強烈抗拒。至於這些工具曾經如何幫助過我們的客戶，布林克國際（Brinker International）集團的成就是一個成功的實例；這家餐飲集團順利改變旗下兩個知名餐廳品牌的文化：美式休閒餐廳 Chili's 和墨西哥式餐廳邊境之上（On The Border）。我們與資深團隊合作幾個月之後，終於到了全面推出變革專案的時刻，由 1,500 位來自兩個品牌的高階領導者與主管共同參與盛會。這場會議的目的，是為了幫助現場的領導者與餐廳經理做好準備，領導各自品牌中的文化變革相關作為。

　　Chili's 兼邊境之上的營運長凱莉・薇拉德（Kelli Valade）

用了一個我們認為很貼切的比喻，她創作出一場視覺饗宴，用心重現在職業高爾夫巡迴公開賽（PGA Tour）時，讓人難忘的改寫遊戲規則時刻。

會議開始前，薇拉德安排了一顆重逾1,500磅（約680公斤）重的巨石，放到強化過的舞台上。全美各地前來參加開幕晚宴的主管入座之後，執行長道格・布魯克斯（Doug Brooks）走上舞台，在歷史脈絡下描繪布林克國際的未來願景與 R^2 成果。當他演說時，台下每一個人都盯著那顆巨石猛瞧。誰放的？又為什麼要放？

隔天，當眾多領導者開始討論要如何創造從 C^1 到 C^2 的文化改變、讓布林克能創造出關鍵成果，他們把注意力轉向了大石頭。他們指出，布林克的文化就好像舞台上的大石頭一樣：笨重又難以移動！在接下來的整整兩天，這顆巨石變成持續的提醒，讓大家一次一次想到布林克團隊面對的是多麼重大的挑戰。

在最後一天會議中，布林克集團的總裁走上舞台。我們對他提出了一個非常重要的問題；每一支想要變革文化並讓員工為成果負起責任的領導團隊，都必須回答這個問題：「你是認真的嗎？你是**認真**要移動這顆大石、創造 C^2 文化並達成關鍵 R^2 成果嗎？」總裁轉向他的團隊並大喊：「全心全意！」

總裁重現一九九九年PGA鳳凰城站的經典畫面，他站在大石頭後面，拿起自己的五號鐵桿，對布林克團隊解釋道，雖然他們看不到，但是他的高爾夫球落在大石頭後方，這顆石頭完全阻礙下一次通往果嶺之路。如果有某些奇蹟，讓他可以在不用罰桿

下繼續打下去，把球打到旁邊或從大石頭邊拋球，那麼，此舉將會是他迫切需要的改寫賽局優勢。

這位總裁解釋，多數的高球選手假定，你只能移動小型、不重要的障礙物，例如小石頭、樹枝或樹葉，但他很快就釐清，高爾夫的規則確實容許球員在其他人的協助之下移走障礙物，不需罰桿，甚至大如這顆巨石都可以；PGA在鳳凰城公開賽後修改這條引來眾多紛爭的規則。

這位總裁想起鳳凰城公開賽中的情況，環顧四周的群眾，大聲問有沒有「布林克人」願意和他一同上台，幫助他推動這顆擋路的巨石。他的團隊有十二名成員，有些人擁有你在美式足球職業聯盟前線球員身上會看到的二頭肌，他們跳上舞台跟他一起站在大石頭後面。

帶著看來無比堅毅的決心，團隊成員檢視環境條件，並在大石頭後方的同一邊上各自站好戰略位置，然後使出全力。大家一起喊著「一、二、三」，然後開始用盡吃奶的力量推這顆石頭。石頭開始動了，沒多久，他們就把石頭移開了，讓打球的人可以漂亮的把球打上想像中的果嶺。

這位總裁接著走上台繼續揮桿，把一顆練習球揮過群眾的頭頂。當這一球落到群眾的腳邊，全體都站起來，給總裁熱烈的掌聲。我們永遠忘不了這一幕。

搬動巨石

我們常常利用這個巨石的比喻，來說明打造 C^2、建立當責文化，以及創造大家樂見的成果需要哪些齊心一致的努力。C^1 文化就像一顆重達千斤的大石頭一樣，難以移動；很笨重、很棘手，也很難掌握，需要集中大量的精力才能移動。這顆石頭絕不會因為大家都同意它該動起來便自行移動；相反地，只有當每個人都站在同一邊、一起推著向 C^2 邁進時，C^1 文化這顆巨石才會移動。

先決定好這顆大石頭要往哪個方向動，這樣一來，大家才會清楚知道該站在哪一邊集結力量。想像一下，當你需要移動巨石時，如果每一個人隨意圍繞在石頭旁邊，試著推動時，卻在不知不覺間抵銷彼此的力量，結果會怎樣。

有時候，文化變革的作為看起來就是這麼一回事。若不清楚要往哪裏走（也就是不知道 R^2 成果是什麼），就算參與者是組織裏最聰明且最熱情投入的人，到最後可能站到了不同的邊上。好人才、那些決心投入落實變動的人，或許使盡全力推，然而，如果抵銷了彼此的推力，最後反倒會因為自己所做的事而疲憊不堪、挫折萬分，他們將會棄守承諾，不再為了達成 R^2 成果而推動這顆文化大石。

組織要達成的關鍵成果（R^2）決定要往哪個方向移動，移動的方向又回過頭來決定應如何移動文化大石。你的組織文化信念宣言找出施力點，點明每個人應該把精力與努力放在哪裏，以啟

動變革流程並推動下去，這決定了每個人使力的時候應該站在石頭的哪一邊。知道要從哪裏開始、怎麼做能為你提供必要動能好繼續帶動流程，事關變革流程的成敗。關鍵 R^2 成果與組織文化信念的功能便在此。

「移動大石頭」雖然很困難，但當你將正確的文化管理工具整合到組織中個人與團隊的日常業務實務中，組織文化便有能力、也確實將會移動大石。我們設計的三項文化管理工具（聚焦的回饋、聚焦的故事講述與聚焦的認同），是以組織文化信念為核心，營造出可融入日常、可持續且很緊湊的焦點。這些工具綜合起來可提供必要的槓桿作用力，推動文化大石並讓它長期朝向正確的方向邁進。

為了說明如何善用文化管理工具，我們將要詳細說明第二章介紹過的客戶案例「歐普斯光學化名」。這個案例很完整，徹底說明在多地點（總部與全美各地的零售店面）、多層級（高階主管、中階主管、領班、店內全職與兼職銷售人員），以及對零售不友善的經濟景氣下如何應用這些工具；這個案例備足所有的複雜性，指向文化變革確實是一場可觀的挑戰。

「歐普斯光學」在他們落實文化管理工具時的種種作為時，中心的特色便是該公司的組織文化信念。你應該記得，組織文化信念是成功文化變革的重要架構，內容包括標題與宣言兩部分。比方說，「體現品牌：我會應用『歐普斯光學』的品牌精神當成過濾機制來做每一件事。」

組織文化信念的標題極為重要。基本上，標題是作用就相

當於在文化大石上面裝上「把手」，讓每一個人都能有個施力點，負起個人的責任將文化推往必要的方向。這些「把手」可以讓文化大石更容易移動。

認真要變革文化的領導者，應該全心理解標題以及完整的組織文化信念宣言，倘若做不到這一點、無法及早證明自己已經把組織文化信念當成分內事，就等於是允許組織裏的其他人也可以做不到。確定你自己有負起責任去理解組織文化信念。

完整的組織文化信念宣言，功用在於擴大並釐清信念，超越標題。比方說，當有人提到「體現品牌」時，完整的宣言就會講清楚他們每一個人必須怎麼做：「以『歐普斯光學』的品牌精神為過濾機制來領導、思考與行動。」組織文化信念宣言提醒大家，他們應該如何思考及行動，才能建立 C^2 文化並為組織達成重要的成果。

我們知道，領導者如果無能改變組織文化，將會因此心生挫折，而這份挫折的源頭，幾乎都是因為他們缺乏重要的工具、無法營造出想要的變革。缺少適當的工具，領導者將難以完成有意義的變革；有工具在手，就能加速變革流程，並以改寫遊戲規則的方式推動出成果。且讓我們更近距離檢視這些工具。

工具：聚焦的回饋

回饋很少被當成帶動變革的工具，事實上可以也應該如此。若在各個層級運用得當，回饋可以大幅加快組織轉向C^2的速度。要能達到此一目的，回饋必須聚焦在C^2組織文化信念上。我們把這種回饋稱為「聚焦的回饋」，其特質應該是既要具備鑑別力也應有建設性。具有鑑別力的聚焦回饋，能讓人們知道你重視他們體現了組織文化信念，可以加強必要的思維與行為，推動文化大石前進。及時提出有鑑別力的聚焦回饋，不僅可釐清你想看到的C^2文化是什麼，也是一種必要的重複，藉此強化你要的A^2行動。

有建設性的聚焦回饋，提供正面且坦誠的建議與指引，告訴人們還可以做些什麼，以能充分體現B^2信念。這類回饋很重要，可幫助人們在新的C^2文化中有所成就，因為這可及時讓他們知道要改進哪些方面。沒有獲得這類回饋的人會落後，陷在C^1裏苦苦掙扎。缺少有建設性的聚焦回饋，會使得每一項文化變革作為動彈不得，最後無疾而終。

「歐普斯光學」（化名）一位分部總監「比爾‧瓊斯」（Bill Jones，化名），在公司文化過渡轉化的早期就領教過了。雖然瓊斯的同事都認為他全心擁抱文化變革，但是他在工作上並沒有表現出來，也沒有創造出預期中的成果。他並未一貫運用聚焦的回饋這項工具，放慢了改善的步調，而且也無法反映他個人信誓旦旦的承諾：要推動「歐普斯光學」的文化，讓它改弦易轍。要

是瓊斯的頂頭上司也沒有給他聚焦的回饋，問題還可能更嚴重。他的主管告訴我們：

「在提出建設性的回饋時，瓊斯常常拿出『枕頭』當成緩衝。我聽過他和一家店經理對話，瓊斯刻意把回饋意見說得委婉，至少說了五次，到最後，這樣的回饋意見根本不會讓人放在心上。觀察到這一點，我也給了瓊斯回饋意見，引用各種不同的案例，並讓他知道這如何影響他的成果。」

瓊斯對於建設性回饋意見的想法屬於第二類信念（請見第四章），需要改變。有建設性的聚焦回饋，應該坦誠、清晰而且完整。這不是批評；批評純粹是就對方的缺點與錯誤表達不滿。相反地，建設性的回饋指出人們做錯了什麼事，並提供意見，讓他們知道應該如何更高效展現組織文化信念，之後能夠變得更好。這類回饋是培養人才，而非打壓人才，目的是幫助大家能成功轉型到C^2文化。

在收到主管提供以組織文化信念為核心，而且是有鑑別力的建設性聚焦回饋之後，瓊斯開始改變，績效也開始改善。他的主管繼續說：

「瓊斯毫不遲疑便接受了我給他的回饋，並開始模仿我，在傳達訊息和說故事時把『枕頭』拿開了。那是十個星期前的事了，瓊斯在這十星期內已經有八個星期都能達成計畫水準，十五個星期的達成率超過百分之百，十二月和一月也同樣達成計畫目標。」瓊斯的扭轉乾坤，說明了以組織文化信念為核心的聚焦回饋可以對A^2行動及R^2成果造成正面影響。

聚焦回饋的遣詞用字

聚焦的回饋聽起來究竟如何？如果你曾經偷聽到「珍」（Jen，化名）與「羅伯」（Robert，化名）以組織文化信念為核心的聚焦回饋討論（這兩位是「歐普斯光學」企業文化過渡轉化的現場領導者），你或許會聽到以下這些話：

> 「『羅伯』，我覺得你在以下這些方面展現了『保持聚焦』（這是「歐普斯光學」公司其中一條組織文化信仰）。你的發展訪查做得很好。你探究無法創造出關鍵成果的根本原因，而且快速找出負責領導現場、卻無法創造成果的分部總監有哪些能力上的缺失，而且你也正確地分配時間去培養適當的人才。」

> 「我覺得你在以下各方面可以多多展現『保持聚焦』。有兩個分部總監職務即將出缺。我認為你需要衡量一下時間分配，看看培養目前共事同事與未來兩個星期招聘分部總監各要花多少時間。我知道要聘人進來並讓他們參與達拉斯大會，是很辛苦的任務，不過，這正是公司需要的。」

這場真實發生的聚焦回饋討論，促使「羅伯」在兩星期內就聘來兩位新的分部總監，此舉讓兩個轄區的營業額幾乎馬上就有

所長。這也成為後來整個公司裏快速填補職缺的新標準。

「珍」也得到一位直屬主管提供、以組織文化信念核心的聚焦回饋，對方同樣也針對聘用主題提供回饋：

> 「『珍』，妳在以下面向展現了『拒絕平庸』（這是「歐普斯光學」另一條組織文化信仰）。妳非常聚焦，確認妳的團隊清楚知道且理解區域總經理層級要背負哪些期待。釐清期待，在區域總經理團隊裏起了個很好的開頭。
>
> 「我覺得妳在以下各方面可以多多展現『拒絕平庸』。當你在檢驗多位應徵者時，不要妥協，聘用那些只是把工作做完的人，反之，要把能讓目前區域總經理團隊更傑出、能讓人刮目相看的人帶進公司。」

「珍」告訴我們，她根據前述的回饋採取行動；事實上，她也聘用了一位新任的區域總經理，從上任後第一個月開始，就一貫地創造出絕佳成果。以組織文化信念為核心的聚焦回饋加速了必要的改變，也有助於創造 R^2 成果。

雖然聚焦回饋的具體內容，會因人、因場合而異，但應該總是以組織文化信念為核心。我們發現，唯有當你把回饋聚焦在組織文化信念上時，才能加速變革。舉例來說，當你希望強化某一

條 B^2 信念（例如「體現品牌」）時，你應該這麼說：「我覺得你在以下各方面，可以多加展現『體現品牌』……」

「**我覺得**」這三個字，傳達的是你在分享一種主觀意見，接受者可能會覺得有幫助；這不是客觀或絕對的事實，用意不在於嚴厲批判對方。回饋的重點很少放在與對方相關的「事實」，相反地，回饋是一種觀點，意在或許能協助對方自我改進。

「**我**」這個字傳達的，是你在分享你個人的認知。同時，也請記住，當你直截了當用從個人觀點出發的態度時，人們多半會以比較友善的態度回應回饋。

當你用「**我們**」取而代之時，回饋就喪失了力量，因為複數代表意見不再是你個人的，剝奪了個人對於意見的所有權；然而，回饋意見必須具備這個要素，才能發揮高效能。如果匿名性太高，可能就會開始帶有操弄的意味。我們也建議在提供建設性回饋時使用「**多加**」一詞，因為，這代表接受回饋的一方某種程度上已經展現了你想看到的信念。

在為你自己尋求以組織文化信念為核心的聚焦回饋時，我們建議你可以簡單地問：「你可以給我哪些回饋意見？」這種問法會比「你可以給我一些回饋意見嗎？」妥當。前者假定對方真的有些回饋意見要供你參考。他們可能真的有！後者則會刺激出「有」或「沒有」的答案，由於很多人覺得要提供回饋很困難，他們常常就乾脆回答「沒有」。

請記住，如果你真的很希望有人提供回饋，該問的問題是：「你可以給我哪些回饋意見？」

　　任何人的觀點都不會永遠百分之百正確，也不見得一定有用。你可能聽過有一個應該是真實的傳說，說到一位耶魯大學的管理學教授為報告評分，其中一份的作者是後來的聯邦快遞（FedEx，Federal Express）創辦人佛瑞德‧史密斯（Fred Smith），報告主題是「可靠的隔夜送達服務的可能」。據說，這位教授的評語是：

　　「概念很有趣也很周延，但如果要拿到比C更高的分數，構想必須可行。」

　　史密斯聽了這番回饋意見，評估他聽到的內容，最後決定充耳不聞，繼續建立他的快遞服務王國。雖然，有時候你不會根據得到的回饋意見行動，但你必能因為聽到別人的想法而受惠。

　　請記住，人們的思考（也就是他們的信念）導引出他們所做的事（也就是他們的行動）。不論是否正確，人們都是根據自身的信念行事。了解對方的信念，當大大有助於你加速文化變革的努力。

　　要確保人們會不斷地為你提供回饋意見，請試著以簡單的「謝謝你」來回應對方。當你說「謝謝你提供的回饋意見」時，你發送出的訊息，是你欣賞他們負起了提供回饋的責任。這樣簡單的回答，避免讓人覺得你在評估回饋是否對你有用，而是強化了你希望大家繼續給你建議。

回饋的過濾機制

你要如何因應回饋，是你的選擇，但這是一個必須仔細權衡的選擇。通常人們會心生防禦，試著針對他們收到的回饋意見提出辯護。

多年前我們和一位高階主管合作，他是一位非科班出身的工程師，他僅會根據他認為「有用」的回饋採取行動。我們見到他之時，他是一家大型醫療設備製造商的副總裁。他告訴我們，當他收到回饋意見時，他會依序用四個問題來進行過濾與評估。

首先，他會問：「這項回饋意見正確嗎？」

如果答案是肯定的，之後他會再問：有憑有據嗎？」

如果通過第二關，他會接著問：「到底有沒有相關性？」

最後，他會問：「這是對或錯？」他的聲音裏帶著自豪，臉上則有著淘氣的笑容，他對我們保證，他會根據所有通過篩選的回饋意見行事。

我們問這位製造業的副總裁，實際上有多少回饋可以通過篩選機制，他回答：

「問題就在這裏，我從未得到過任何好的回饋意見！」

事實上，當他利用篩選機制過濾回饋意見之後，少有建議能夠留下來。當然，當這位副總裁篩選所得回饋意見的同時，其他人也對他形成了一種信念。我們和幾位他團隊裏的成員面談，請他們說說看給過這位主管多少回饋意見，每一個人幾乎是口徑一致：「喔，我們幾年前就不再給他回饋了，他根本不想要！」

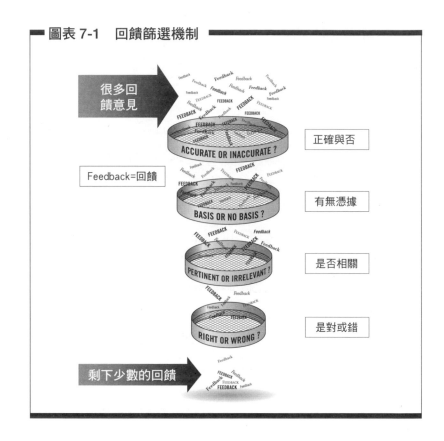

■ 圖表 7-1　回饋篩選機制

試想一下，當一位醫療設備製造業的副總裁再也收不到任何直屬部屬的回饋意見，他要付出什麼代價。人們通常會過濾得到的回饋，超過應有的程度。

正因如此，我們一貫對每一個收到回饋意見的人提出一條建議：與其採取防禦姿態，不如自問兩個問題：「這是我希望他們對我抱持的想法嗎？」如果不是，接著自問：「我需要做什麼進

一步改變？」

　　不要用防備的心態來過濾回饋意見、視而不見、貶低提供回饋的人，或者駁斥你所聽到的話，相反地，你要如實接受回饋。把這當成資訊或是觀點，並考慮以下這個重點：

　　「既然這樣的信念存在，而且成為其他人據以為行動的基礎，這樣的信念能幫助我嗎？這樣的信念有助於創造 C^2 文化嗎？」

　　如果不是，請從成果金字塔的底部和人們的信念基礎著手，問：「我需要營造哪些經驗來改變這個信念？」

　　我們和許多領導者合作，經驗多到足以了解當你收到回饋意見時加以駁斥或心生防衛全無道理。你要謝謝提供建議的人，藉此自省，並思考你是否能從回應回饋意見當中受益。如果你決定這不值得你採取任何行動，你或許會想要和提供回饋意見的人一起封閉迴圈，讓他們了解你為何選擇不行動。

工具：聚焦於說故事

聚焦的回饋可加速變革，當組織將聚焦的故事講述將入文化管理工具的陣容時，還能進一步加快腳步。組織上下每個人每天都在說故事。這些故事純粹描述人們的經驗，並傳達他們對於組織裏什麼重要以及應如何做事的信念。有些故事還可能變成傳奇，串連起不同的世代。不論好壞，這些故事都以強大的力量傳遞文化，對於組織每一個層級的人們，都有絕大的影響力。因此，故事也是影響力最大的因素之一，同屬成果金字塔的下半部。

你知道組織裏的人們，對彼此說的是什麼樣的故事嗎？這些故事帶動了哪些信念？這些故事是推助了 C^2 文化，還是退回到了 B^1 信念與 C^1 文化？你對別人說了哪些故事？你有意識到你說了這些故事嗎？

說到故事的影響力，沒有不痛不癢這種事。對於第一次聽到某個動人故事的人來說，感同身受可以像是身歷其境的人那般真實。一個人的故事，通常都是另一個人的經驗。

這些故事可能會推著組織往 C^2 前進，或是退回到 C^1。如果你希望加快轉化到 C^2 文化的腳步，那麼，你就必須找到 C^2 文化的故事並說出來。

說故事時的遣詞用字

　　一如回饋，聚焦於說故事也以組織文化信念為中心。描述人們如何體現組織文化信念的具體故事，會強化信念的重要性並展現人們如何落實信念。你運用聚焦的故事講述講出來的每一個故事，都包括三個部分：開頭、中段與結語。

　　你一開始要先提到呼應這個故事的組織文化信念，以具體的用詞來架構故事的背景脈絡：「我認為『體現品牌』正是這麼一回事。」

　　這種方法是找出一條特定的 B^2 信念，讓聽的人有所警覺，他們即將聽到的故事，是要描繪說故事的人認為這條組織文化信念（以我們舉的例子來說，是「體現品牌」）是怎麼一回事。「體現品牌」的故事將想法轉成經驗，這個經驗將會強化你想看到的組織文化信念。

　　中段是故事本身。一個謹慎編排的故事，大約需要花四十五秒說完。你當然希望你的故事能發人深省，但更重要的是，你會希望故事能讓大家瞭解 A^2 行動與 B^2 信念是什麼模樣。正確的故事幫助人們看到文化變革就在自己眼前。當人們聽到這些 C^2 文化的相關故事時，他們看到了自己這個人需要做到哪些改變，從而受到激勵，據此調整自身的行動。

　　故事的結尾強調對於關鍵 R^2 成果的影響力。聽過太多聚焦的故事講述之後，我們很清楚，如果你不明說對於關鍵成果的影響是什麼，這個故事鮮少能夠影響信念，甚至毫無影響。

　　我們建議，你用和一開始起頭相同的簡單語言為故事總結：
「我認為『體現品牌』正是這麼一回事。」這樣的結語很重要，
因為，利用故事開頭的同一句話（「我認為『體現品牌』正是
這麼一回事。」），就為聚焦的用意定調。用這些話來替故事收
尾，提醒聽故事的每一個人你為什麼選擇說這個故事。

　　一提到組織文化信念，就提醒了聽眾要如何見賢思齊、該展
現哪些作為。以我們所舉的案例來說，「體現品牌」代表：「體
現品牌：我會應用『歐普斯光學』的品牌精神當成過濾機制來做
每一件事。」

　　聚焦的故事講述在「歐普斯光學」燃起燎原之火。事實上，
每個星期都會有幾十個故事透過電子郵件湧入，在例行的現場溝
通傳播時流傳。以下是幾個利用聚焦的故事講述模式在「歐普斯
光學」說出來的C^2文化相關故事案例。

　　以下的第一個故事，強化了「體現品牌：我會應用『歐普斯
光學』的品牌精神當成過濾機制來做每一件事。」

　　　「我認為『體現品牌』正是這麼一回事。有一位顧
　　客來到我們店裏，一副很擔憂的樣子。她剛剛去看過醫
　　生，醫生診斷她有糖尿病，建議她針對糖尿病做相關的
　　眼睛檢查。病患極不情願，她一再說她現在沒錢，因此
　　不能做檢查，日後再回來做。我們有位同仁說服她，說
　　我們可以滿足每一個人的預算，而且今天就要幫忙她解

決這件事。客戶還是離開了，只說她還會再來。

　　嗯，對店裏的員工來說這樣還不夠。他們追出去走到美食街，找到這位顧客，告訴她說一定會讓她負擔得起門診費用。他們對這位顧客說：『醫生真的很希望今天就替你看診！』

　　長話短說，後來眼睛檢查完成了，發現這位病患兩眼後方有出血。眼科醫師協助病人去找她自己的內科醫師，內科醫師要求她馬上去急診室。

　　無需贅言，這位病患十分感動，她告訴團隊，我們不讓她沒做檢查就離開，讓她非常感激！用她的話來說是『受到歐普斯光學對客戶的慷慨和熱情感動到不可自拔。』店內全體員工和這位顧客也都流下淚來。醫師把自己家裏的電話留給這位病患，以確定她有去做追蹤檢查。

　　我們的團隊不僅運用了『體現品牌』這條組織文化信念，還爭取到了一位終生的忠實顧客。這家店不僅把經驗傳達給這位病患，也傳達給了其他人，因為團隊裏的每一個人都因此了解，這正是我們做這些事的理由。順帶一提，當天團隊就已經達成了計畫目標，而且還超越了年度至今的目標。我認為『體現品牌』正是這麼一回事。」

另一個故事強化的組織文化信念則是「保持聚焦：我會依照

『歐普斯光學』的優先順序來統整協調我的工作。」

　　「我認為『保持聚焦』正是這麼一回事。昨天早上，預定要做的檢查不多，惡劣的天氣更讓人不願出門，使得來客人數大減。我們沒有採取『水平線下』的態度，陷入『看著辦吧』的心態，相反地，我們不怪罪天氣，而是聚焦在『我們還能做些什麼才能成功。』

　　遭遇阻礙時，我們聚焦在組織文化信念，積極和每一位來店內的潛在客戶互動並讓他們賓至如歸，努力把來店內的人變成顧客。我們在那天把四位來店裏看看的訪客轉化成做眼睛檢查的患者。昨天總共有十二個人做檢查，有一半的人是配戴隱形眼鏡的客戶，他們要接受醫師的全面檢查。雖然很多顧客都已經佩戴隱形眼鏡，但我們把四分之三的患者，都轉成同時配戴有框眼鏡和隱形眼鏡。

　　團隊成員一整天都保持聚焦，也把一些拿著外面的處方箋走進來的訪客變成顧客。藉由保持聚焦、讓客戶賓至如歸並發掘他們的個別需求，那一天結束時我們超越了計畫目標。我認為『保持聚焦』正是這麼一回事。」

　　這是「歐普斯光學」公司的人記錄下來諸多 C^2 文化相關故

事當中的兩個。為了發揮你想要看到的影響力，在文化變革時期，編排與講述的 C^2 文化相關故事數量應該大幅超越 C^1 文化故事。和新文化相關的故事創造了經驗，為每一個聽故事的人極清楚地刻劃出展現組織文化信念是怎麼一回事。隨著故事日積月累，這樣的清晰也會愈來愈撼動人心。

　　組織裏每一個層級的領導者，都必須負起責任，說出可以反應與展現組織文化信念的故事。當聚焦的故事講述強化 C^2 文化，當領導者負起責任講述組織的日常故事，每一個層級的個人都會以更強烈的決心動起來，負起責任用必要的方式去思考與行動，以利達成成果。

工具：聚焦於認同

聚焦於認同，以聚焦於說故事為基底，可讓整個組織的變革作為如虎添翼。在我們的培訓研討工作坊裏，我們常會問大家是否會覺得自己獲得的認同多到過了頭，得到的回答永遠都是：「不會！」講到認同，多數人反而會覺得不受重視，遭到忽略。多年來我們觀察到，人們絕少認為他們的領導者「展現正確的認同」，因為多數領導者都認不出「我」！

要明白欣賞與認同如何影響績效，請看看為人父母者在教小孩走路時選擇把焦點放在哪裏。當小孩跨出第一步時，每個家長會怎麼做？歡呼！實際上，每個小孩走出第一步之後會怎麼樣？跌倒！你聽過做父母的在孩子跌倒時開始喝倒采嗎？從來沒有。相反地，他們會把孩子扶起來，重複對第一步的讚許，鼓勵學步的孩子再試一次。做父母的本能上會忽略跌倒這件事，改為聚焦在孩子下一次踏出的步伐上。由於焦點放在成功踏出第一步而非跌倒，孩子幾天之內就能開步走，幾個星期就能跑起來了。

若你應用同樣方法，鼓勵人們為了創造 C^2 文化踏出的前幾步，你將大有收穫。我們都知道，在學習如何體現組織文化信念時，每個人在某個時候都會「跌倒」。儘管如此，若你稱許向前邁進的步伐、藉此表達認同，將可加速文化變革的作為。聚焦的認同一如聚焦的故事講述和回饋，都必須以組織文化信念為核心。你要運用聚焦的認同，讓組織裏的每個人都能去觀察、並去認同其他員工展現了 C^2 組織文化信念的所作所為。

我們曾請一位「歐普斯光學」的營運總監談一談他在哪裏看到過聚焦的認同，他回答：「到處都有！」他繼續補充：

「每當有人得到聚焦的認同時，他們都非常珍惜。認同在被認同者身上發揮的影響力，讓我驚異不已。我曾經對一位營運部門的同仁表達過聚焦的認同，我原本不確定這對她來說到底有沒有意義，後來才從她身上了解到這件事意義重大。她含著淚水告訴我，我的讚美來的正是時候。」

聚焦的認同是一種三百六十度全方位的正面強化工具，不需要顧慮是否要遵循較正式的由上而下流程。不管職稱、在組織裏的位階或是組織間的關係是什麼，每一個人都可以參與行動。這種正面的強化可以提升士氣，刺激人們在落實文化變革上努力找出有效的方法。

我們建議你運用認同卡這種工具，讓每個人都能填寫，之後以電子檔或親送的方式送給受到讚許的當事人。我們的客戶發現，認同卡可以促進認同，並當成變革正在進展的實體證據。事實上，當文化變革動起來時，你會看到大家的辦公桌上或隔間板上貼了好多認同卡。

就像聚焦的回饋與故事講述一樣，聚焦的認同始於指出對方展現的組織文化信念，進而簡短描述對方做了哪些 A^2 行動具體呈現出這條特定組織文化信念的，結尾則要點名展現這項組織文化信念支持了哪些特定的關鍵 R^2 成果。

來看看以下這個「歐普斯光學」的案例：

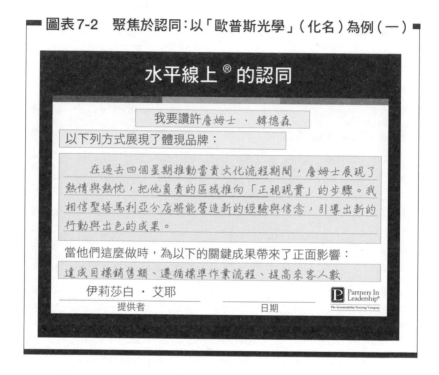

圖表7-2 聚焦於認同：以「歐普斯光學」（化名）為例（一）

聚焦的認同能大力激發個人用必要的方式去思考與行動、以利達成關鍵成果，並有助於們都站到文化大石的同一邊來，而且在有人這麼做時給予讚賞。這也釐清了A^2行動與創造出來的R^2成果之間應有的連結。

最後一張認同卡案例，來自一位資深高階主管團隊成員「瓦特・岡薩爾斯」（Walter Gonzales，化名），他負責帶領「歐普斯光學」全美各地的現場營運。他把這張卡給了中西部分部總監「瑪莉・薇爾森」（Mary Wilson，化名）。

■ **圖表7-3　聚焦於認同：以「歐普斯光學」（化名）為例（二）** ■

水平線上® 的認同

我要讚許瑪莉・薇爾森

以下列方式展現了帶動成果：

一月份瑪莉責任區內所有分店 數超越計畫目標，讓我們看到「計畫就在店內」，也給了我們一個出色的故事，讓我們可以改變所有區域的信念。這清楚證明了每一個人都有可能辦到！我們實踐了願景承諾！恭喜瑪莉和她的團隊。

當他們這麼做時，為以下的關鍵成果帶來了正面影響：

達成目標銷售額、遵循標準作業流程、提高來客人數

瓦特・岡薩爾斯

提供者　　　　　　　　　　　　　　　日期

Partners In Leadership®
The Accountability Training™ Company

岡薩爾斯還記得他送出這張卡片時的情景：

「那是我給第五部門的第一張認同卡。當我把卡片傳給瑪莉時，也把副本發送給該團隊。團隊又把副本傳給轄下所有分店。中西部分部剛剛擺脫了前一年的窘境；前一年，他們在五十二個星期裏只有四個星期達成銷售目標。然而，現在第五部門的每一家分店都超越了

銷售計畫目標。這大大改變了信念，不僅對第五部門整個團隊來說如此，她轄下所有分店也一樣。他們可以清楚地證明計畫就在每一家店裏：但你必須要走出去，好好掌握。當這一區所有分店都能達標，就沒人能再把銷售不佳歸諸於交通紊亂。這是新年的新氣象：這個市場裏的其他因素都沒有變化，唯獨我們的信念與行動不一樣了。這是我們的文化動能在中西部分部轉化成行動的第一次真實經驗。其他所有分部的總監都大為驚訝。於是他們明白，當身為領導者的我們自己擁抱必要的變革時，一切都有可能！

「中西部分部證明，當我們『承擔責任』時，每一個店都有可能創造出這樣的成果。一月份，中西部分部最終成為全公司銷售計畫達標率的第一名。他們並沒有花很長很長的時間，就創造出這種成績。當我們問團隊『到底什麼改變了？』，他們的答案是：『我們變了！』」

以我們的經驗來看，任何人若運用聚焦的認同、聚焦的故事講述以及聚焦的回饋來管理文化變革，便會發現這些工具很強大，但用起來又很簡單。這些工具為組織裏的每一個人指引明確的方向，說清楚 C^2 文化是什麼模樣，以及他們必須要怎麼做、並持續做下去，才能創造新文化。運用得宜，這些工具能提供動

能，帶動文化大石邁向達成關鍵 R^2 成果。然而，你必須要把它們整合到組織裏每天、每週、每月的營運實務當中，才能長期維繫動能。

我們很喜歡前英國首相邱吉爾說過的一段話：「我們先形塑出居所，但之後就變成居所形塑我們。」（First we shape our dwellings, and afterwards our dwellings shape us.）

當然，他講的是存在於任何人類社會的因果關係，我們先開始形成傳統，之後就變成由這些傳統來塑造我們。說到底，人是習慣的動物。而文化也正是這樣運作的。一旦你建立起你需要的 C^2 文化，文化就會接手並且持續存在，在每一個轉折點強化重要之事以及應有的行事方式，重新確認對你的特定組織文化而言，是基本要件的信念、實作與傳統。

這是好事。只要你打造並形塑出能創造 R^2 成果的文化，文化就能夠、而且也將為你效力。在下一章，我們要檢視三項文化變革領導技能，這些技能對於過渡轉化作為的成敗至為重要。

第八章　精通三大文化變革領導技能

　　二十世紀初的俄國哲學家喬治・伊凡諾維奇・葛吉夫（George Ivanovich Gurdjieff）指出，多數人在生活中都沒有運用到該有的特意思考。他把這稱為「夢遊人生」。說到營造文化，很多領導者的行徑也如出一轍；他們在改變人們抱持的信念、以營造 C^2 文化及實現 R^2 成果時，太少刻意思考。然而，除了「夢遊」之外，他們也常常說很多「夢話」，太少去關注他們為了引發信念轉變而為人們提供的經驗。當領導者在組織無意識地來來去去時，就無法提供必要的經驗以創造他們自己想看見的文化。正因如此，我們建議每一項文化變革作為當中都要加入一句口號：「領導者們，醒一醒！」

　　要能領導當責文化流程，並不需要浮誇的人格特質、對他人莫名的操弄、激勵人心的演講或為了追求偉大而橫衝直撞。相反地，必要的領導特質是真誠的動機、特意的思考以及聚焦的努力，實際以身作則體現 C^2 文化。我們的領導模型讓每一位主管

及員工都能擁有這樣的影響力,影響力始於為組織裏的每一個人塑造新文化。

基於領導職務的位階,每一位領導者都擁有權力,他們動見觀瞻而且帶著權責威信,可以帶領組織過渡到新文化,也可能造成妨礙。只要一、兩位主管不能適應 C^2 文化,持續以 C^1 文化中的方式思考與行事,就足以導致整個組織偏離一致。這些無法適應的領導者,發送給員工的是令人困惑且會造成反效果的訊息:「站在文化大石錯誤的那一邊,抵銷彼此推動變革的作為,持續根據 C^1 文化的原則思考與行事,是可以接受的。」

不願接受文化變革、也不投入心力促成的領導者營造出來的經驗,通常會成為最明顯可見的經驗,對努力落實變革的領導者而言是一記重擊。

形成鮮明對比的,是一貫善用自身的能見度與影響力促成新文化的領導者,他們能發揮強大的影響力,加速文化變革。由於他們的表裏如一,這類領導者很快就讓員工相信他們真心認為變革作為很重要。這樣的信念又回過頭來鼓舞員工,讓他們忽略任何偏離正道、有礙組織朝向 C^2 文化邁進的經驗。

每一位領導者有時都會露出與預期中 C^2 文化不一致的信念和行動。他們和組織裏的其他人一樣,一直以來也活在 C^1 文化當中。因此,所有領導者必須承認,他們自己也需要改變才能體現 C^2,藉此踏出加速文化變革的第一步,這也是很重要的一步。這樣的自我承認本身及其意義都能加速變革,同時也是對組織全體發送出信號:變革作為是真有其事。

　　說穿了，領導者都已經承認他們自己過去是、現在也是 C^1 文化的一部分，他們自己做的很多事，也對目前的文化有所貢獻。這樣的自我承認，就相當允許組織裏的其他人也可以跟著這麼做。

　　文化要變革，領導者一定熟練相關的必要技能，才能領導過渡轉化的相關作為。組織高層的作為若無法協調一致，無法培養能力、更駕輕就熟運用領導文化變革所需的技能，這些人通常會拖慢整個流程，導致變革的相關作為效率低落、成就不彰。培養出必要技能可加速文化過渡轉化，同時強化其他每一個面向的領導力。

　　當領導者想要推動文化 C^1 從轉向 C^2 時，每一位都要具備三項文化變革領導技巧，分別為：

　　1. 領導變革的技巧

　　2. 回應回饋意見的技巧

　　3. 成為促動力量的技巧

　　這三項領導技能非常重要，可確保文化變革作為保持在正軌上，最終達成 R^2 成果。

領導變革的技巧

文化變革需要有人領導。你不能把這項行動交代給人力資源部門、組織發展部門或其他任何部門。前述這些以及其他部門當然也扮演重要角色，但資深領導團隊就是必須把變革過程當成分內事，在組織每一個層級挺身領導，確保高階管理團隊在每一項考量中都給予文化變革恰如其分的優先性。

要創造 C^2 文化與 R^2 成果，領導者必須把落實變革當成自己的分內事，讓每一項文化過渡轉化的最佳實務（詳見圖表8-1）遍布組織每一個角落。

■ 圖表 8-1　領導者必須具備的 C^2 文化最佳實務做法 ■

建立「水平線上」的當責，當成變革作為的基底	第一章
定義並傳達溝通 R^2 成果	第二章
參與針對從 A^1 ／ B^1 移轉到 A^2 ／ B^2 的評估對談	第三章和第四章
發展與落實組織文化信念宣言	第四章和第十章
提供新的 E^2 經驗	第五章
建立變革依據	第六章
利用「領導統整協調流程」營造並維繫一致	第六章
應用聚焦的回饋	第七章
應用聚焦的故事講述	第七章
應用聚焦的認同	第七章
強化三項文化變革領導技能	第八章

　　很多領導者可能是在事業生涯中第一次做這些事。要讓文化高效過渡轉化，領導者一定要培養技能，但是，組織必須在短時間內讓文化快速成功變革，通常沒有餘裕讓領導者在啟動流程前先去修練。因此，他們必須即時培養技能增進領導能力以利善用所有最佳實務做法，並且同步落實文化過渡轉化。

　　為領導者提供的教練輔導，要和變革作為並行，而且必須以適當的順序落實，才能在培養、練習與應用三項領導技能的同時，又帶動當責文化流程向前邁進。如同圖表8-2的C^2文化領導能力模型（Leadership Proficiency Model）所示，訓練、規畫與教練輔導有助於琢磨精進領導者的能力，幫助他們落實C^2文化最佳實務做法。

■ 圖表 8-2　C^2文化領導能力模型

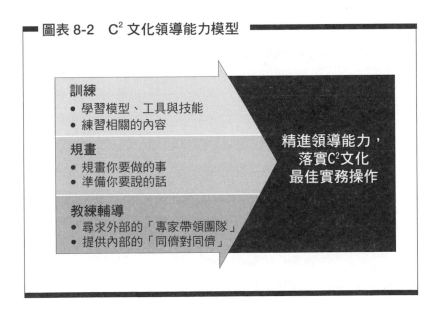

訓練
- 學習模型、工具與技能
- 練習相關的內容

規畫
- 規畫你要做的事
- 準備你要說的話

教練輔導
- 尋求外部的「專家帶領團隊」
- 提供內部的「同儕對同儕」

精進領導能力，
落實C^2文化
最佳實務操作

　　每一層的領導者，都需要針對如何落實 C^2 文化最佳實務做法接受訓練。訓練應結合實務以及角色扮演，以確保能熟練技巧到必要程度。以領導者在落實 C^2 文化最佳實務做法的效能而言，做好準備非常重要，這一路的每一步都有必要的事前規畫。雖然魯莽執行最佳實務有時能成功，但很少能達成你需要的長期效果。

　　為了增進熟練度而進行的教練輔導，必須同時來自團隊外部與內部。外部的教練輔導為團隊提供額外的觀點與專家建議，確保他們能順利落實最佳實務做法。內部的教練輔導則鼓勵資深團隊間形成同儕對同儕的支持，這一部分之所以需要顧問建議，用意在於協調每一個人的努力，以追求最大功效。領導者在接受教練輔導的同時，也要併行進行落實文化過渡轉化。

　　要看領導者如何展現技巧以領導變革，我們的客戶「環球公司」（Universal，化名）便是一個出色案例；這家大型包裝製造商的領導者決定，他們的其中一個重要部門「不壯大，就等死」，指的就是以北美為事業基地的彈性材料部。有一度，彈性材料部門在公司總營收中占了三成以上，並贏得讚許成為眾人口中「環球」公司的旗艦部門。然而，在實施公司整體成長的全球策略之後，彈性材料部門對於母公司的營收貢獻大幅滑落，降到低於一成，使得「環球」的董事質疑是否仍應保留這個部門。董事會揚言，如果彈性材料部門的業務績效無法超越資本成本、並創造合理的資本報酬率，那麼母公司就要另尋更有前景的機會，在全球市場從事其他投資。

在最後一次試圖扭轉乾坤的努力當中，董事會決定從外部找別人經營彈性材料部，禮聘「肯恩‧瓊斯」（Ken Jones）擔任該部門的執行長。瓊斯運用過去在鋼鐵業的經驗，為這份職務帶來新觀點。他知道彈性材料部門的 C^1 文化素來是「以主管為中心」，到處都是唯上司馬首是瞻的領導者，從整個部門以及身為工會會員的員工觀點來看，這種文化顯得荒謬無稽。

他早就知道，在這樣的環境中，最貼近問題的員工以及有好方法可解決問題的員工，通常都不會開口，他們不會去講怎麼樣做沒有用，他們不會隨便冒險，他們很擔心因為任何失敗而受罰。

快速評估過文化現況之後，瓊斯判定，若要拯救這個部門並導引出成就，彈性材料部需要創造「以員工為中心」的 C^2 文化，讓當中每一個層級的每個人都能投入，好讓整座工廠再度恢復生產力。就他而言，創造 C^2 文化意味著要打破目前「各自為政」的組織架構，把整個部門變得更扁平，運用更多反應迅速的小型單位。

就在此時，瓊斯請我們去幫忙落實當責文化流程並改變組織的文化。他需要能改寫遊戲規則的成果，他很清楚，聚焦於文化可以實現這樣的願景。至於新的 C^2 文化主軸，瓊斯推動的是他稱為「新事業所有人」的心態。他提出的變革依據如下：彈性材料部若要以深具發展的實體生存下去，取決於是否有能力快速降低成本，同時還要讓這個企業體更有競爭力。瓊斯有一個信念、並傳達給團隊裏的每一個人：由於母公司「環球」最後可能無論

如何都會賣掉彈性材料部，因此他們在經營時應該把自己當成買下這個部門的業主，承擔風險、實現他們認為彈性材料部需要的變革。他說服管理團隊挺身而出，認定自己是事業體的新業主。

為了號召高階團隊投身新使命，他帶著他們到公司外面的海邊渡假村進行兩天的訓練，投身一項重大的第三層變革（轉型變革）。瓊斯對他們說：

「我們要挑戰一切，而且要讓整個組織參與經營事業。我們要和現場人員分享這份事業。我們要告訴『環球』不要插手，讓我們自己管理自己的事業。」

團隊加入了，並且統整協調達成一致。對他們來說，動機很單純：他們已經沒什麼可以失去的，能得到什麼都是賺到。他們發現，變革的依據對他們個人來說很有說服力。他們知道自己有能力拯救工廠、壯大事業，並推進自身的事業生涯發展。

隨即，瓊斯和團隊就著手營造早期經驗，意在傳達他們說要擁有這個企業是說真的。他們搬家了，原本的辦公室坐落在北卡羅萊納一處閃亮玻璃帷幕大樓的辦公室，裏面有著的是皮革製家具和不知世事的象牙塔氛圍，現在則搬到肯塔基州一處殘破不堪、煙霧迷漫的生產工廠，沒有人會誤解這項大膽的第一類經驗。我們在第五章時討論過，第一類經驗是有意義的事件，直接導引出看法，完全不用詮釋。這座工廠存在已經超過百年，這是第一次有公司的高階主管長期駐廠。

至於另一項同樣也是第一次的經驗是，瓊斯開始要求高階主管提報在現場和生產線員工互動的時間。這項第一類經驗也不需

要詮釋：整個工廠都知道高階主管會出現在現場，和每天經營「新事業」的員工互動。

瓊斯知道，為了創造競爭力並拯救事業體，他的團隊要把資本報酬率從2％拉高到10％以上。這也成為彈性材料部門的R^2成果：資本報酬率要高於10％。要做到這一點，他知道工廠其中一條重要的生產線的產量要比目前擠出來的多1,000萬噸，而且前提是員工人數相同。心中有了底、明白R^2成果是什麼之後，他挑戰團隊，要他們想方設法，看看如何實踐。

瓊斯與團隊編製了一份組織文化信念宣言，清楚闡明他們為了達成R^2成果所需的變革本質。他們善用每一個機會強化這些信念，其中包括了幾項重大的文化轉變，例如「想一想彈性材料部門，挺身而出！有話直說！」和「驕傲地投身其中」。

為了強化創造一個好環境、讓人們能積極提供意見與想法改善工廠的營運有多重要，瓊斯的團隊出席工安會議、團隊會議及其他大大小小的集會。資深領導者率先行動營造出必要的機制，讓大家能分享更多資訊、提供更多回饋，並挑戰每一項他們認為不合理的實務操作和政策。瓊斯確保每一個人都知道不會有人變成代罪羔羊。

瓊斯和管理團隊固定參與正式的訓練會議，這樣有助於他們理解如何應用最佳實務操作的關鍵活動。事實上，在最初的訓練之後，他們每六十到九十天就聚在一起，確定仍持續管理著文化的過渡轉化，而且一切都在正軌上。在這些會議上，他們也規畫未來的活動，促成團隊成員與外部顧問（也就是作者經營的公

司）之間的回饋與教練輔導。這一切努力的重點都是為了增進他們的管理能力，讓他們創造出來的每一項經驗都能強化新的C²文化。資深團隊成員持續承諾要自我發展，這一點大有助益，幫助他們在整個文化過渡轉化期間展現了必要的領導。

最終的成果是什麼？資本報酬率達12％！瓊斯和團隊同時改變了彈性材料部和「環球」的遊戲規則。他們不僅避免關閉工廠的危機，更回到獲利豐厚的地位，成為重要的「環球」集團營收創造者。

這場文化變革很徹底，在每一位參與訂出新文化方向的重要人士幾乎都離去後，改變仍然留了下來；離去的人包括瓊斯，很不幸地，他在這家公司轉型不久之後就逝世了。新任的領導者「比爾・衛斯頓」（Bill Weston，化名）發現，讓他大為意外的是，公司的文化仰賴的並非瓊斯的人格特質，而是已經深植組織每一個層級的B²信念。在他到任的第一天，有人給他一張寫著組織文化信念的卡片，建議他應該先問員工們在工作方法上做了哪些改變、藉此反映組織文化信念。也有人告訴他，他應該從整個工廠裏各種不同的人身上尋求聚焦的回饋。「衛斯頓」很快就了解到，就持續推動文化向前邁進而言，一位領導者如何回應回饋意見，將會讓局面大不相同。

回應回饋意見的技巧

　　領導者偶爾鬆動、展現舊有的 A^1 行動是很自然的事，在文化過渡轉化剛剛開始發酵時尤其如此。畢竟，領導者也是人，而他們自己也在過渡。在變革作為期間，人們會更放大檢視領導者，而這麼做也是對的。人們當然會看到所有好的經驗，但他們也會尋找任何象徵鬆動或退步的跡象。直覺上他們很清楚信念偏見的力量，知道每一個人都會發現積習難改。

　　由於人們會選擇性地詮釋並找到任何他們想要找的線索，任何人若有心想看到提供經驗的領導者本身其實和組織文化信念及預想的 C^2 文化並不一致，就會在某個瞬間就親自見證。當你在流程早期落實聚焦的回饋並加入他人的觀點時，你一定會從中知道你需要做些什麼才能提升能力，以創造出更動人的 E^2 經驗，強化你想看到的組織文化信念。

　　我們在文化過渡轉化期間合作過的每一位領導者，都面臨同樣的挑戰，他們會問：

　　「我要如何改變人們的信念，讓他們相信我願意而且渴望體現每一條組織文化信念？」

　　要回答這個問題、並幫助你高效回應你必會收到的所有建設性聚焦回饋，我們發展出「改變信念方法論」（Methodology for Changing Beliefs，詳見圖表8-3）所示。這套方法論，多年來已經有無數的領導者用過，能夠協助你培養出另一項簡單但有力的技能，讓你憑此克服別人對於你所抱持的 B^1 信念，並加速組織

的過渡轉化流程。利用這套方法，你可以用高效率、高效能來改變他人的想法，包括對你的領導和對於你要打造組織文化信念的意願以及渴望。這也可以幫這你營造必要的E²經驗，發揮持久且難忘的影響力，衝擊人們的信念。當然，此法唯有長期運用才能見效，而且前提是你創造的新經驗代表了誠懇真實的變革。

當你收到回饋意見、指出你創造的經驗和組織文化信念並不一致，你可以運用「改變信念方法論」讓人們去尋找證據，證明你確實協調一致，而且你也深刻渴望體現新文化。在傾力瞄準特定信念時，個人和團隊都可以採行這套方法，以激發出有益的對話。接下來，詳述改變信念方法論的五步驟。

■ 圖表 8-3　改變信念方法論

步驟	說明	你要說什麼
1	找到你要改變的信念	「這並非我希望你們抱持的信念。」
2	明說你希望他們抱持什麼信念	「我希望你們抱持的信念是……」
3	描述你即將為他們創造的經驗	「以下就是我即將要做的事……」
4	請他們針對你計畫好要提供的經驗提供回饋	「這樣做夠嗎？我還需要做些什麼嗎？」
5	徵求他們在你的推展過程中給你回饋	「你們能不能一直給我回饋意見？」

步驟一：找到你要改變的信念

　　首先，先找到你要改變的B^1信念。當你徵求聚焦的回饋意見、請人們講出真心話時，這類需要改變的信念就必定會出線。當你聽到人們的意見與觀察，你應複述所聽到的話，去驗證你對他人信念的想法。有時候這些信念會出乎你意料之外。你甚至會想，這些人到底為什麼會得到這番結論、做出這樣的判斷或是留下那樣的印象。不管你是否訝異，都應該努力去了解對方到底抱持著什麼樣的信念，這是因為，不管信念正不正確，都是人們行事的導引，而做事的方法顯然又會影響成果。

　　一旦你釐清人們抱持的信念，就要自問：

　　「這是我希望他們抱持的信念嗎？」如果這項信念無法推動組織朝向C^2文化邁進，那你就必須改變它。

　　如果要改變是你的結論，那就應該對方那個人或那個團隊明說：「這並非我希望你（們）抱持的信念。」千萬要小心，不要去否定他們的信念，讓他們覺得自己有這種感覺很愚蠢；還有，也不要說服他們這樣的看法是錯的。你要拋棄回饋過濾機制，開始努力改變人們的經驗，藉此改變他們抱持的信念。

步驟二：明說你希望他們抱持什麼信念

　　下一步，你要找出你希望他們抱持的信念。要確定你有把這條信念放在B^2組織文化信念的脈絡之下。搭上這條線，你就強化了B^2信念的重要性，並傳達你對這些信念的承諾。不要羞於談到這些信念。能成功灌輸信念的領導者，會明確地去談論信念。

　　你要對當事人或團隊說：「我希望你們抱持的信念是……」指出你希望大家抱持的信念，就相當於先為他們預做準備，要他們去找出和這條信念有關的證據。

　　你這麼做，就是在重新架構情境，讓他們姑且先相信你，並讓他們在詮釋經驗時能如你所願。聽起來很簡單，但能大力影響人們最終的看法與信念。

步驟三：描述你即將為他們創造的經驗

　　在宣告你希望人們抱持的信念之後，你應描述你即將為他們創造什麼樣的經驗，以利強化這一條信念。此時此刻，也就是你要說服人們你說的是真話、而且你會說到做到之時。當你在描述你希望他們擁有的經驗時，盡量詳細。像是你要解釋：「我就是做這些事、那些事……。」

　　請抗拒任何誘惑，不要直接跳到步驟四，馬上問對方他們認為你應該做什麼。人們希望知道你是真心誠意主動想要創造新的經驗。溝通傳達你規畫要做的事，能讓他們知道你的想法是什麼，也讓他們明白你會負起責任改變他們的信念。此時，每一個人都會睜大眼睛，看看你究竟是會落入「水平線下」，為你過去提供的經驗找到合理的理由，還是，你會提升到「水平線上」，擔負起責任採取相關步驟，以做到正視現實、承擔責任、解決問題與著手完成。

步驟四：請他們針對你計畫好要提供的經驗提供回饋

　　針對你計畫好要提供的經驗尋求回饋，能協助你調整行動當中可能還需要補足之處，以滿足目標群眾的需求。由於你可能無法考慮到鉅細靡遺，請他人提供參考意見，告訴你實際上你還需要改變哪些他們抱持的其他信念，將能替你營造可信度。你要問：「這樣做夠嗎？」，以及「你有沒有想到我還需要做哪些別的事？」此時，我們要強調你並不需要找出每一件你能做的事，重點在於找到最可能「觸動心弦」、讓他們接受新信念的行動。你不可以跳過這至為關鍵的步驟。如果你這麼做了，可能無法知道你需要做什麼才能促成你想看到的變革。務必確定你思考過別人提供的意見有多麼實用。如果你聽到可用的好意見、而且也願意去用，那就明說。同樣的，如果有某些事情是你認為自己做不到的，也應該讓對方了解。

步驟五：徵求他們在你的推展過程中給予回饋

　　最後，你要徵求他人在你的推展過程中給予回饋。

　　在衡量進度時，你的標準是目標群眾對於你希望他們抱持的新信念接受度有多高。為了判別，你要徵求具有強化作用且有建設性的回饋意見。強化作用的回饋意見，重點是你創造的經驗在哪些時候強化了你想看到的信念，建設性的回饋意見，凸顯的是你在哪些時候並未做到這一點。即便人們已經表示同意要給你回饋意見，你之後可能仍需努力，讓他們相信你想得到回饋的決心。

當人們知道你在推展過程中會徵求回饋，他們就會開始盯著過程，這是改變信念的一大步。徵求他人為你提供回饋，就等於是把焦點放在正確的行為上：齊心合作以建立 C^2 文化和達成 R^2 成果。

領導者與團隊要互相幫忙，共同創造新文化。除了專家對團隊之外，建立內部的同儕對同儕（或主管對團隊）教練輔導，將可幫助你修正調整你創造的日常經驗，讓你順利展現組織文化信念。要成功領導過渡轉化，領導者必須完全讓團隊完全參與，幫助他們展現 B^2 信念。

這套方法論可有效協助領導者回應聚焦的回饋並展現組織文化信念，另外還有一個很有趣的副作用，那就是能巧妙地讓群眾自動把注意力放在自身的信念與行為上。當領導者如實地執行改變信念方法論五步驟的每一步時，就會在旁觀者身上啟動同樣的思維過程。當人們看著領導者強化 B^2 信念時，每個人都得到了一個訊息：「我也應該這麼做。」因此，其他人會去檢視這類行為、去思考這類行為，並在同事身上、還有，更重要的，是在自己身上找到這類行為。

改變信念方法論如何發揮作用

　　且讓我們來看一個實踐方法論的真實案例。假設一家組織的領導者已經承諾要創造新的文化，讓人們相信在其中能自由表達自我，而且領導團隊也在「把話說出來」這條組織文化信念裏清楚闡述這個想法。管理團隊的領導者希望提供和這條 B^2 信念一致的經驗，透過經驗讓公司裏的每個人都能承擔責任，勇於說出自己的想法。

　　我們進一步假設，在管理團隊會議上有一位出席者凱倫（Karen），她親身見證另一位領導者吉姆（Jim）展現出 C^1 文化下的行為。以下這段兩人間的對話，追溯改變信念方法論的每一步驟，並體現當你得到聚焦的回饋指出回饋和組織文化信念不一致時，應該怎麼做。

步驟一：找到你要改變的信念

吉姆：凱倫，關於今天早上我們的會議，妳能給我哪些回饋意見？

凱倫：吉姆，我很高興你問我這個問題。我有一點遲疑，不知道該不該說，但你也知道，我們已經承諾要「有話直說」，而且要用開放的態度來看待別人的觀點，把這當成文化變革作為的一部分。我覺得，你在會議中太過保護自己。從我最近和你相處的經驗來看，我

認為你並未展現「用開放態度來看待他人觀點」的這條信念。

吉姆：好的，凱倫，妳的回饋有點讓我意外。請幫助我，讓我理解妳為何認為我沒有抱持開放的態度看待他人的觀點，以及為何我在聽到刺耳的話時防衛心太重。

凱倫：嗯，你並不是防衛心一直都很重，而且你對某些觀點的態度也很坦率，但是，只要行銷部門的任何人對於新產品的規格提出任何意見，我覺得你就會變得很封閉而且防衛心很重。

吉姆：對，這我也有點感覺。有時候我擔心你們會妨礙目前的計畫，延宕我們推出產品上市的能力。因此，我可以看出我可能有一點防禦和封閉。說得好。

凱倫：行銷部門很多人開始相信，你不大在意他們的看法，因此，他們就像我一樣，遲疑著不知道是否該「有話直說」。

吉姆：嗯，凱倫，謝謝妳的回饋。這不是我希望大家抱持的信念。現在我明白了，我營造的某些經驗，讓人覺得我並沒有堅守這條組織文化信念。

凱倫：是的，而且不只是沒有堅守信念而已，你也

沒有堅守應該幫助我們做到「有話直說」的
承諾。

步驟二：明說你希望他們抱持什麼信念

吉姆：我懂了，凱倫。我要再說一次，這並不是我
希望你們抱持的信念。我希望大家相信的
是：我會用開放的態度看待他人的觀點，而
且我會支持你們體現「有話直說」這條信
念。說實話，我確實覺得我需要聽到行銷部
的真心話。當然，我也需要管理我自己對於
生產時程的憂心。我知道我需要改變對妳以
及整個行銷部門營造出來的經驗。

步驟三：描述你即將為他們創造的經驗

吉姆：那麼，以下就是我即將要做的事。每一次和
行銷部開會時，我一定會問：「行銷部對這
件事有什麼意見？」然後我會仔細聽每一個
人的觀點。

凱倫：這樣很好。

步驟四：請他們針對你計畫好要提供的經驗提供回饋

吉姆：凱倫，這樣做夠嗎？我還能不能做些什麼？

凱倫：我認為你可以在會議之前，先和大家談一談

你預期會出現的重大考量，這樣一來，他們的反應就不會讓你大為意外。這樣將可以進一步開啟和行銷部門的溝通管道。

吉姆： 這是個好主意。這可能會讓會議中的對話更有助益。還有別的嗎？

凱倫： 我想沒有了。我真心認為這些行動將大大改變別人對你的看法。

步驟五：徵求他們在你的推展過程中提供回饋

吉姆： 凱倫，妳可以一直給我回饋意見嗎？

凱倫： 當然可以。

吉姆： 凱倫，當你認為我並未支持「有話直說」，還有當妳認為我有做到時，我希望你都能告訴我。妳願意在我們的每周例會之後馬上給我回饋、讓我了解情況嗎？

凱倫： 當然，我很樂意。

　　吉姆也可以去找整個行銷部門，把這套方法論套用在他們身上。在根據凱倫給他的聚焦回饋意見行動之前，他可能也希望先想一想，或許問問其他人的觀點，以驗證他的假設並確定他不會忽視別的重要看法。不論是哪一種，這個案例都呈現了當領導者提供的經驗和 C^2 文化不一致時，他們可以如何運用改變信念方法論以回應聚焦的回饋。

　　這套方法之所以有用，是因為可以幫助你更充分且一致體現 B^2 信念，為人們提供經驗，強化他們的承諾，認定組織文化信念應該成為一種組織的生活方式。一旦你明確找到可以多做些什麼、以推動改革作為向前邁進，就可以把你的注意力放在協助他人，讓他們也以更有效的方式體現信念。

成為促動力量的技巧

要能讓你的溝通風格具備更完整的促動力量，通常你必須費上一番心力；成為助力，是一項很重要的文化變革領導技巧。讓每一個人都能參與有意義的對話、討論有哪些地方需要改變，並確定組織裏的每一個層級都能進行這類對話，對加速文化變革非常重要。

我們認為，持久的文化變革一定需要彼此協作、團隊合作和交流對話。身為組織領導者的你，若有能力提問、尋求參考意見、營造對話並讓人們討論正確的主題，將能加速大家接受 C^2 文化中的信念。

舉例來說，我們曾經和索尼（Sony）旗下的VAIO服務（VAIO Service）部門合作，這家客戶訂下了充滿雄心壯志的目標，要讓維修相關的客戶滿意度分數比前幾年提高15％。VAIO服務的副總裁史蒂芬·尼柯爾（Steven Nickel）還記得當他對團隊宣告這項 R^2 成果的那個時刻：

「我還記得，當每個人完全明白這個成果目標的挑戰性有多高時，整個會議室一片沉默。雖然我們在各種會議、集會上已經溝通多次，但一直到我們以團隊之姿坐下來、剖析這個目標的每一個面向（討論我們需要多做多少、需要消除什麼以及需要想出哪些新構想），挑戰的真實性才漸漸明朗。我可以告訴你，當時整間會議室真是安靜到嚇人。」

尼柯爾與團隊開啟大門進行持續對話，討論到底需要哪些投

資才能達標，藉此以R^2成果為核心激發出組織的能量。當團隊完全參與對話之後，他們發現，要在日常工作中推展出行動進度就容易多了。團隊的每個星期關鍵績效目標會議充滿了活力，因為各個領域的出席者熱情分享各種改善的構想，並很快就把落實概念當成自己的事；他們有許多人過去從未在這類會議中暢所欲言。

資深領導者帶動了參與，協助組織達成這個充滿野心的目標，最後更超越目標。母公司讚許VAIO服務部門員工的所作所為，由索尼電子產品公司（Sony Electronics）頒給他們一個大獎。尼柯爾說：

「我從這次經驗中學到的東西，相當於好幾本商業書籍的內容……，要讓人們去討論正確的主題，例如組織的目標，以及要讓他們接受這個目標……，光靠投影片或演說是辦不到的。成功來自於讓團隊每個人都插上一腳，幫忙定義成功是什麼、以及我們需要做哪些改變才能成功。」

促成正確的對話需要一股熱情，真心想聽到人們的心裏話，還要有能力提出正確的問題以啟動對話，並且讓對話繼續下去。要做到這一點，你必須經常問三個問題。

你經常要問的三個問題

1. 你有什麼想法？
2. 你為什麼這麼想？
3. 你會怎麼做？

當然，提問時，你需要仔細聆聽得到的答案。加強主動傾聽的技巧，將可幫助你刺激對話。別忘了，不管你聽不聽，大家還是都會說。

你有多認真聽，會反映出你是不是真的想知道對方的想法。你無須擔心這樣做有沒有用，因為，當你促成對話、討論還可以做哪些事以帶動變革向前邁進時，必會從中學到很多。我們有一位客戶說了一個在他所屬組織裏流傳的「西瓜故事」，正好說明了刺激其他人提供參考意見有多重要。其中一位主管當事者是這麼說的：

「有一天，一位員工要求我和他一起巡視現場，他說了：『你知道嗎，我們以前做日常查核的方法很有趣。』他繼續說：『我讓你看看我怎麼檢查這些閥門。你跟著我一分鐘就好。』因此我們一起走，跟著他去檢查閥門。我們走到第一個閥門前，他說：『你看這個。』我看著閥門，發現玻璃破了，上面積滿黑色的塵垢，連數字都看不到。更糟糕的是，他告訴我這個閥門根本早就不會動了。之後他指著一本他帶著的書並說：『這就是我的工作手冊，上面說要檢查閥門，我檢查了。但這不是他們想要的結果。他們想要知道的是裏面還有沒有冷卻劑，因為冷卻劑會決定這部一九五〇年代製造的機器能不能動。』我非常驚訝。我們竭盡所能改善生產線的產能，但從來沒有人提過這件事。」

「這位生產線員工說：『我怎麼知道裏面還有沒有冷卻劑？我用敲的。我知道裏面的冷卻劑有多少時該發出什麼聲音。我們就是這樣經營工廠的。我敲一敲，看看發出什麼聲音。我就知道

我們需要多一點還是少一點冷卻劑。這和閥門根本無關。但管理階層自覺盡職設計出了一份寫著要檢查閥門的檢核表，因此自我感覺良好。每天都有人要求我去檢查同一個壞掉的閥門。我每天都提報說這個閥門壞了。』

「這個人非常清楚工廠的大小事，他可以就像敲西瓜一樣，敲一敲機器，然後根據聲音判斷裏面還有多少冷卻劑，機器的冷卻劑基本上決定了整間工廠能不能運作下去！他提過這個問題，但根本沒人要聽。」

從這次經驗當中，這位經理了解，如果能讓人們說出真心話以及他們知道的資訊，善用這些寶貴的資訊，大可加速變革作為的進度。

學會為你的溝通風格增添更多促動助力並讓人們開誠布公和你相談，不僅可以幫助人們更投入變革作為，也有助於你在組織裏找出並分享最佳實務做法。在文化變革期間，每個人都在學習怎麼樣做有效，當他們學會時，就找到了可供整個組織善用的最佳實務做法。分享最佳實務做法能讓變革作為的功效發揮到最大。

英格索蘭（Ingersoll Rand）的執行長賀伯·漢克爾（Herb Henkel）推動「雙重公民」（dual citizenship）的概念，他認為這是組織的關鍵價值之一。

在英格索蘭，要成為一位雙重公民，代表你不僅要成為所屬團隊或部門的成員，更是整個組織的成員。好公民要分享最佳實務操作，不僅和隊友分享，也要打破內部的組織界限，避免其他

人去做不必要的重複創作發明，也能借力使力運用每一個人的努力。關於如何推動文化變革，很多好的構想來自基層、由下而上帶動，出於人們確實參與其中並認為落實改革是自己分內事。

要具備更大的推助力，意味著在規畫全員會議以及其他溝通性質聚會時要訂出問答時段。小團體的集會也可以成為必要的論壇，帶動對話。「鮑勃早餐約會」是一家公司文化變革作為中備受歡迎也很有用的論壇機制。該公司的執行長每星期和組織裏的不同群體舉行一次早餐約會，員工都很喜歡這種開放論壇式的議程。

無論你使用哪種方法，請務必謹記常常提出三個問題：「你有什麼想法？你為什麼這麼想？你會怎麼做？」然後仔細傾聽人們說的話。你有能力精熟於促動式的溝通風格，不僅能讓大家更能參與其中，也能加速文化變革。

領導者在過渡轉化其間扮演的角色，是加速變革的關鍵。當他們努力培養領導能力、以利應用 C^2 文化中的最佳實務操作時，將能大幅提升領導變革效能。領導者面對的是獨特的挑戰，在領導變革的同時也要改變自己。我們見證的每一次高效文化過渡轉化，都包括了整個組織裏的關鍵領導者用 C^2 文化中的最佳實務操作當作核心，發展自己的領導能力。

引領文化過渡轉化時，領導者不能只是期待每一個人都改變，必須協助他們實踐改變。對於有幸參與的人來說，順利改變文化是成果最豐碩的個人領導作為之一。文化順利變革長期能提振組織績效，因而帶來滿足感，同時也提升了個人的表現，並讓

參與者因為企業成功改寫遊戲規則而贏得自身的福祉。

在下一章中，我們要和你分享過去二十年來所學，談一談如何將文化過渡轉化成為融入組織的實務、流程以及程序中，好讓文化變革能長期維繫下去。

第九章　整合文化變革

　　一旦啟動文化過渡轉化之後，多數領導者會問：「有什麼關鍵做法可確認人們善用了 C^2 文化中的最佳實務做法，以利推動變革向前邁進？」

　　我們和各式客戶長期合作累積了許多成功經驗，幫助我們在這方面得出一個答案：你必須做到不僅是落實 C^2 文化中的最佳實務做法，必須把變革完全且充分整合到組織現有的會議與系統中。否則的話，不大可能創造並維持長期延續文化變革必要的紀律和焦點。做得好，可以為你省下金錢、時間、能量與心力，做得不好，就非常可能導致挫敗與進度有限。整合就是這麼重要！

　　人很難改變，但要維繫改變是更大的挑戰。本書有一位作者有一個永生難忘的時刻；當時，他那五個孩子每個都還不到八歲，習慣把腳踏車丟在車道上，擋住了進屋的前門。這位作者每天早上出門時，都要穿越同一條路挑戰死神，走得過這一堆腳踏車才能走車子旁邊開車上班。

　　他第一次要求孩子們改變，是以父權式命令提出：「腳踏車要整齊停好，因為這樣才對」。你可以想像，這位父親的要求完

全沒有改變孩子的行為，反而激發出多如牛毛的藉口：「我忘了。」「汽車擋在路上。」「媽媽叫我們趕快進來吃晚餐……」

這位父親第二次嘗試要求孩子改變時，用上了自己的商業敏感度，以他們最愛的糖果棒充作小額支付，要孩子們合作達成他要求的變革。做父親的認為施小惠可以達成目標。

結果是，孩子們馬上遵命！但是，讓他失望的是，改變只持續了一天。之後小孩故態復萌，腳踏車依然亂放，還是把老掉牙的藉口搬出來。

第三次要他們改變的嘗試，則是一次腦力激盪的結果。何不建立一套流程，基本上能要求孩子們去做他要他們做的事？

這套策略的重點，是做父親的訂製了一個堅固的車架，可以停五輛腳踏車，讓車子立起來，停在定點。孩子們熱愛飯後甜點，他讓孩子們了解不用車架就不能吃甜點，藉此強化新流程。

他熱切地期待從上網訂製的新車架快送到。車架送來時，他快速組裝，並放置在他設計好的位置，遠離前門、但與門的距離又夠近，很輕鬆就能停好腳踏車。

在和家人召開的特別訓練會議中，每個人都圍在一起聽他解說審慎設計過的腳踏車架使用指南。之後，每一個人都實際演練這套流程。等到最後一輛單車在車架上站好，所有孩子都拍手鼓掌，大家都同意這看起來很棒。單車排得整整齊齊，走道淨空，車道也恢復了秩序。孩子們看來堅定、熱情、決斷而且有動力遵循新的流程。（沒錯，「不能吃甜點」為這件事定調。）

當這位父親隔天早上大步走向車子時，看到所有腳踏車好好

站在車架上，對他而言可說是一幅讓人屏息的奇景。他發出勝利的歡呼，動身去上班。當天晚上他開車回家時，想像著一排停放整齊的腳踏車，離家愈近期待愈是高漲。但當他停在車道上時，他馬上落入了失望。

喔，車架還是閃閃發光地站在那裏，但五台腳踏車圍在旁邊、丟在地上，整齊地排成一圈。

看起來，孩子們是特地這麼做以表明立場，點出他們不想容忍單車架。作者自我解嘲：「情況已經有些改善了，至少單車沒有堆在前門口！」

這個經驗，說明了領導者努力在組織裏整合變革的作為時，會有多少困難隨之而來。採用同樣的無效模式（告知、賄賂、強迫），通常帶來同樣的結果：暫時與片面的遵從。

無論一個想法有多好或多重要，人們在適應變革時通常都很掙扎，若要讓變革成為永久的，那是更辛苦的掙扎。

我們自己都曾經歷過，都知道若未設計有效的機制，將你想實踐的變革整合到變革實際執行者的例行公事當中，很可能會失敗。所有勸誘變革的因素，比方說，因為這是對的事所以要求大家要去做（告知）、提供誘因（賄賂），或者是安排架構、使得變革成為組織流程和系統的一環（強迫），都可能無法引發你想看到的效果。

變革需要成果金字塔頂端和底端互相結合、彼此一致的努力。知道要如何整合變革，將會幫助你完成持續的文化變革，創造出 R^2 成果。

　　在此特別有一言相告：我們不斷強調整合，是因為我們知道如果少了這部分，最好的情況下，就算能落實組織文化信念與C^2文化下的最佳實務操作，也只是亂槍打鳥的意外成就。

　　一旦需要付出額外的精力或時間才能落實變革，沒有整合，人們既不會挪出時間也不會湧現必要的動力，去採行C^2文化下的最佳實務操作。正因如此，在這個階段，學習將所有最佳實務操作無縫整合到組織目前的管理實務上，是這趟旅程非常重要的一個步驟。

整合意指成為一體

　　管理文化變革作為的領導者，必須確保組織上下經常收到持續性的提醒，告訴他們領導者慎重看待改變文化與推動文化大石前進這件事。當你把 C^2 文化下的最佳實務操作整合到組織的日常工作、並鼓勵人們經常拿來用時，也要把提示提醒納入組織的流程當中。

　　我們在本書中提過，變革文化涉及落實最佳實務做法（請見本書第一部）以及整合（本書第二部）。這兩類活動形成一個連續性的迴圈，如下圖所示。

■ 圖表 9-1　採行 C^2 文化下的最佳實務操作

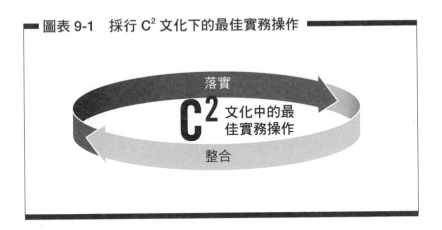

落實

C^2 文化中的最佳實務操作

整合

　　領導文化變革，意味著要永無休止地落實與整合。這兩種活動都能增進對方、然後回過頭來強化自我。落實開創整合，整合維繫落實，兩者相輔相成。

整合的重點不是召開更多會議、編製更長的待辦清單或延長
工時。剛好相反；當你將文化管理工具整合納入組織時，會穿插
在精心選擇的現有會議與活動中，讓它們變成槓桿，推動文化大
石邁向 C^2。有一點很值得一提再提：整合意味著把工具納入現
有的組織流程、程序與系統中。如果做得對，整合能夠天衣無縫
地把文化過渡轉化流程織入組織的做事方法上面。但如果做得不
好，大家最後可能會覺得你在推動找麻煩的方案，增加他們每天
原本要執行的工作。

本書其中一位作者的女兒，她大學時在本地的書店德賽瑞書
店（Deseret Book）打工。第一個星期結束時，她打電話跟爸爸
說她好喜歡這份新工作。她說，第一天上班時，店經理就給她一
個名牌，後面印著一串的組織文化信念。她學到的是，當她或其
他員工看到有同仁在店裏有好表現時，他們可以給當事人一枚德
幣（DB Dollar，意指德賽瑞書店專用幣），員工可以用德幣免
費換得店內商品。

這位作者向女兒坦白，這家連鎖書店其實是他的客戶之一，
而她正在體驗的，就是我們一談再談的當責文化流程以及組織文
化信念整合，她笑了。這位作者在很隨意的情況下見證客戶的整
合作為，見證這套流程確實能見效，並聽女兒說起對於這一切感
受到的熱情、完全不覺得自己在做一份平常差事，真是讓人興
奮。

C^2 文化下的最佳實務操作是很能讓人借力使力的活動，有
助於推動文化大石前進並建立你想見到的文化。在流程早期就妥

善運用，能幫助你累積動能並讓每一個人都朝向正確的方向。可惜的是，很多組織無法及早在流程中讓這類活動定型並予以整合。

　　領導者在文化過渡轉化流程中最常犯的錯誤，是沒有從落實之始就開始整合。請記住，落實和整合流程是並行的兩條路徑，互相強化、彼此依賴。

高效整合三步驟

要順利將 C^2 文化下的最佳實務操作整合到文化變革流程當中，仰賴的是高效套用以下三個彼此分明的步驟。

首先，你要找到機會，整合到會議當中。第二，你要找到機會，整合到組織系統之中。第三，你要做出整合計畫。依序採行這些步驟，你就能辨識出最好的機會，在落實整合時盡量擴大相關作為的成效，並盡量降低分心脫軌的程度。

步驟一：找到機會，整合到會議中

在完整的團隊之內進行整合，最能收效。能進行整合的契機，會隨著團隊不同而異，但你最初編製的機會列表應納入所有團隊最近的會議會談，包括一對一。

以下這些是我們看過客戶用來當作整合契機的會議：

- 地區經理的分店發展訪查
- 員工會議
- 工廠現場工安會議
- 輪班會報（簡短的員工會議）
- 主管和部屬間的一對一會談
- 部門會議
- 主管會議
- 董事會

- 可預知但自發的特別會議
- 專案進度報告
- 和員工在「走廊上討論」的進度更新
- 銷售會報
- 公司年度主管大會
- 公司年度員工大會

　　前述各種活動發生的頻率在每個組織都不一樣：可能是每天、每週、每月或每年。你會想編製出專屬的會議機會列表，這張表至少應包括已經排定的一對一會議以及長期性的團隊會議。一旦你列出每一種可以作為整合機會的會議時，之後可以從中挑出最好的整合機會，根據以下的標準過濾：

　　心裏有了這些標準，你應能快速編製出一份堅實的機會清單。選出最佳機會或許和主觀判斷有關，但找到這些能發揮最大槓桿作用的機會，幫助你移動文化大石，將讓你把精力聚焦在能帶來最大報酬的地方。

步驟二：找到機會，整合到系統之中

　　除了將C^2文化下的最佳實務操作帶入會議中之外，你也需要檢驗組織的各套正式系統，找出整合機會。多數時候，組織系統短期彈性都不大，難以快速改變。但如果你在這方面遲遲不動手，最後很可能會有礙過渡轉化流程。要把整合變革納入組織系

圖表 9-2　過濾會議機會的標準

潛在 整合機會

| **1** | 這類會議是否已經排定為固定組織體制的一部分？ |

| **2** | 這類會議是否定期舉行？而且未來依然持續下去？ |

| **3** | 大家認為這類會議有用而且有助於生產力嗎？（會議議程愈是聚焦在成果上，機會愈佳。） |

| **4** | 這是所有參與者持續會出席的會議嗎？ |

最佳 整合機會

統當中，要包括評估組織的政策與程序，以及用正式與非正式的方法應用這些系統。

在考慮有整體哪些組織系統以及其中有哪些可以改變時，要想到組織裏的人用什麼方法分享資訊（例如通訊刊物、內部網路等等）。以人力資源部門為例，相關的系統有：工作說明、績效評估、張貼職缺、獎酬、激勵誘因和升遷等。整合時要衡量決策方式以及授權流程；這份考量點清單可以一直列下去，但不論如何，都要試著不要忽略任何重要的組織系統，因為它們每天都在為企業裏的每個人提供經驗，若非強化了文化過渡轉化的作為，就是背離。

當系統不一致時，大家通常都會知道，也會談論，這可能有助於他們為了達成成果與體現組織文化信念所做的努力，也可能造成妨礙。請記住一件事，這些系統創造出來的日常經驗，可以支持用來界定C^2文化的組織文化信念，也可以引發質疑或完全否定。

舉例來說，雪佛龍公司（Chevron Corporation）在變革文化時的諸多作為中，高階主管把某部分焦點放在改善員工安全上面，目標是零事故。這項文化變革的核心是注重安全的文化，B^2信念是不管是約聘人員還是正式員工，任何人看到他們認為不安全的行為時，都可以發出暫停工作的指令。過去，在雪佛龍的C^1安全文化中，只有位居高位的掌權者可以喊停。這家公司有意改變組織的系統以強化新的信念，讓每一個人都必須為了安全負起責任。雪佛龍因此締造歷史上最安全的一年，並成為產業內安全

紀錄最漂亮的企業之一。能夠有這種成績，是因為雪佛龍將核心信念整合納入與組織系統相關的實作當中。以達成 R^2 成果來說，他們的成就凸顯將變革整合到組織核心系統的政策與程序當中，可以帶來豐厚的報酬。

　　針對組織系統進行必要的改變是很複雜的工作，若是大型組織裏某個正在推動文化過渡轉化變革的部門或分部，而且必須受限於母公司訂下的政策與程序，此時難度又更高。然而，即便在這類情境之下，仍可以推動巧妙的變動發送出正確的訊息，激發出你想看見的 C^2 行為。當系統和組織文化信念不一致、而你又無法快速調整時，最低限度，你必須高效詮釋這類第二類經驗。做不到的話，就會把原本該是第二類的經驗變成第四類經驗。

步驟三：做出整合計畫

　　要成功將 C^2 文化下的最佳實務操作整合到文化變革作為當中，端看你採取的前兩步驟能否成為基礎，就此醞釀出一套 C^2 文化整合計畫。這套計畫應具體捕捉到你要做的事、說明你如何將最佳實務操作整合到選定的活動當中。

　　這方面有個絕佳案例，就來自我們之前提過的客戶「東岸醫療方案」。「東岸」的管理團隊評估過整合流程的步驟一和步驟三之後，他們寫出一份計畫，如圖表9-3所示。

　　團隊很早就採取行動，動手統整協調組織的系統。因此，他們解放了組織的思維，開始針對各個面向推動變革。他們成立一支精簡流程團隊，以處理組織裏的浪費、無效率與行政成本。二

圖表 9-3　整合計畫：以「東岸醫療方案」（化名）為例

1

總監的會前簡報
- 至少針對一條組織文化信念送出一張認同卡
- 每次會議上至少說一個組織文化信念故事
- 為人們營造新的經驗以幫助他們改變信念
- 在議程上撥出時間供不同的分部進行分享

2

分部的員工會議
- 至少針對一條組織文化信念送出一張認同卡
- 每次會議上至少說一個組織文化信念故事
- 為人們營造新的經驗以幫助他們改變信念
- 在議程上撥出時間讓不同的分部分享

3

每月的第一個星期一
- 針對組織文化信念送出幾張認同卡
- 每部影片中至少說一個組織文化信念故事
- 針對達成業務成果的進度進行討論。
- 在溝通當中持續提到與變革依據相關的訊息

4

「東岸」通訊
- 讓所有副總裁層級的人員輪流說故事、給予認同、針對其成果及（或）關鍵行動教育員工

5

分部的員工會議
- 在每一場領導者的全員大會上安排並進行組織文化信念相關的活動
- 分享 C^2 文化的相關故事

十五年來，這是第一次領導者開始營造有意義的經驗，指向這家
公司不容許浪費。團隊最後精簡下來的各項成本超過2億美元。

　　跨部門的工作團隊擔負的任務，是要建立論壇以促進組織內
不同的部門更順暢合作。大組織文化信念貼在員工進門處、以及
每一位員工的名牌後面。人們體現信念的故事，則定期發表在所
有員工通訊刊物上。

　　這家公司在步驟一上更進一步，於內部網路首頁的登入頁面
增設一個彈出式的對話框，每星期出現一次，提出一個問題，測
試員工有多了解組織想要的 R^2 成果。每個月會選出問題的最佳
答案，得獎者可得到禮券。公司也設置了一個新網站，裏面的連
結會發送給大家，更新所有關鍵成果。團隊還開始針對業務成果
每季舉行一次三十分鐘的視訊會議。所有員工都可以看到連上組
織文化信念的電子版認同卡、海報、調查和其他提示提醒，不斷
強化著文化管理工具的運用。

　　這些努力創造出我們在第四章中提到的成果：文化發生了轉
變，足以改變遊戲規則，讓公司首次在東岸系統的所有醫療保健
供應商中名列前茅。

　　另一個有效整合 C^2 文化下最佳實務操作的案例，來自本書
常常提到的案例「歐普斯光學」。「歐普斯光學」努力整合三種
文化管理工具並改變其文化，無疑在提升績效方面帶來了極大的
好處。「歐普斯光學」的現場領導團隊整合出一份現場／分店整
合計畫，包括了多項整合活動，例如每天兩次的「輪班會報」、
每星期一次的分店經理會議以及現場領導者的定期分店發展訪

視。

　　在輪班會報當中，經理人會簡短和同仁與眼科醫師開會，檢視績效並討論要如何調整分店的作為，以利達成計畫中績效目標。輪班會報滿足所有的會議機會過濾標準：這是已經排定的會議，每家店每天早上和每天下午都會各舉行一次；這是持續性分店體制中已經受到認同的一部分；大家認為這樣的簡報很有用而且很有生產力，對 R^2 成果影響重大；而且在每一家「歐普斯光學」分店工作的每一位員工固定都會出席這類會談。

　　「歐普斯光學」在輪班會談中整合了許多 C^2 文化下的最佳實務操作，尤其是文化管理工具。「雷蒙·拉米瑞茲」（Raymond Ramirez，化名）是「歐普斯光學」（化名）某家分店的經理，他談到自己每天參加輪班會報的經驗：「我們利用名為『輪班會報筆記簿』的工具來準備每一次的會報。這本筆記簿被當成指引，協助我們計畫如何使用文化管理工具與模型。我們在輪班會報碰頭時，會先講一個短短的故事，闡述某個人如何展現組織文化信念。」

　　這個故事很快就提醒大家，當他們努力達成計畫目標時，需要體現「歐普斯光學」的組織文化信念。想到這一點之後，參與會報的員工會開始針對設定好目標主題進行討論，談一談店裏面的每個人如何能為店內績效多承擔一些責任。他們會檢視以下這些數字：昨天的成果、這星期到目前為止的狀況以及他們還需要改善哪些地方才能達成計畫目標。

　　通常，當責的討論會顯露員工有沒有抱持任何會阻礙績效的

信念。比方說,「拉米瑞茲」說:「在昨天的會報中,我們談到配戴太陽眼鏡的處方箋,承認我們這個星期在這方面落後於計畫目標。我要求參與會報的每個人想一想,如果有的話,是什麼樣的信念妨礙我們為客戶提供太陽眼鏡。有一條信念很快就浮出檯面:一般認為太陽眼鏡是第二副眼鏡。我們談到要改變這個信念,要把客戶的太陽眼鏡想成第一副太陽眼鏡,而不是第二副眼鏡。大家都同意這是更能帶來力量的信念,將會導引出A^2行動,並讓員工以更好的方式和客戶互動。」

「拉米瑞茲」繼續說:「我們很快就決定要改變這條信念,之後便創造出以下的成果:當天,我們有兩位員工在自備處方箋配太陽眼鏡方面的銷售成績超越了目標,那個星期結束時我們也達成了計畫目標。」值得一提的是,這個團隊之所以能在自備處方箋配太陽眼鏡銷售上達成成果,並非因為他們專注於成果,而是專注於改變有礙創造成果的信念。這也正是落實了從成果金字塔的底下兩層開始著手、並將變革模型整合到會報當中。

每一次的輪班會報都會以聚焦的回饋做為總結。通常分店經理會領導這個過程,開始先問:「各位要給我哪些回饋?」當有人以組織文化信念為核心提出聚焦的回饋時,分店經理會寫下來,並尋求其他回饋,看看團隊在執行大家已經同意要做的事情時表現如何、對於這個星期的狀況有何感受,以及有沒有想到還需要多做些什麼以達成計畫目標及(或)傳達品牌承諾。

一位分部總監「威廉・勒克」(William Lake,化名)指出,所有「歐普斯光學」分店的整合作為都很一致,聚焦的故事

講述也變成組織文化的一部分。他告訴我們：

「故事不再只是輪班會報的開場白，而是一整天店裏都有人不停傳揚。我們聽到銷售同仁、實驗室員工、醫師以及每一個人都在說故事，他們不需要人催促就自動自發這麼做了。這可不是那種：『嘿，說個故事來聽聽』或是『我們想聽個故事』，這是自發性的，大家都深刻瞭解C^2文化下的出色經驗應該多多分享！」

說到整合聚焦認同的強度和一致性，「勒克」觀察到：「一開始把工具和變革模型整合到會報裏面時，對我們來說是新的工作。當時由經理人主導會議並讚許同仁。現在，當你走進某家分店並參加輪班會報時，你會聽到銷售同仁稱許實驗室員工、實驗室員工稱許醫師，凡此種種。每一個與會的人都在讚許體現組織文化信念並達成成果的人。」

至於整合作為的整體成就，「勒克」表示：「變革已經和會報完全整合，領導會報的主持人從分店經理變成了其他關鍵成員。實驗室經理、零售經理、有時候甚至是有重大影響力銷售同仁領導會報；他們會說故事，他們會問問題，而且他們為了改變文化負起責任！」

現場／店內整合計畫的第二個重要機會，是每個星期的主管會議。這個會議的與會者包括分店經理、實驗室經理、零售經理以及眼睛專科醫師，會議一開始時會先檢視分店目前的成果。若績效落後於預期，這些經理人會運用當責步驟（請見第一章），找出他們還能做什麼才能達成計畫目標。比方說，一場關於店內

排班問題的討論，後來追究出原來店內來客數有股趨勢，穩定在星期二增加1%。為了因應這個新發現的問題，這些經理人在每個星期二多增派一位醫師上半天班，此舉明顯提升了績效。

經理人仰賴這個會議，他們不僅可藉此討論和經營日常業務相關的問題，也一起合作管理店內的文化，並落實有利於達成 R^2 成果的具體行動。他們討論如何在店內應用聚焦的故事講述，具體評估前一星期講出來的故事帶來的影響力，並找出他們下星期應該對同仁說哪些新的故事。在會議中，這些經理人會尋求同時給予聚焦的回饋，找到體現了組織文化信念與達成了必要成果的員工，給予對方應得的稱許。

「歐普斯光學」抓住的最後一個現場／店內整合計畫機會，是現場領導者的定期店面發展訪視。現場領導者運用成果金字塔模型來導引發展訪視。他們由上而下，從成果金字塔的上方著手，一開始先查核成果；接下來，他們會考量店內普遍的信念與經驗、以及這些如何影響成果。他們會以「歐普斯光學」的七項組織文化信念為脈絡去做這些事。

整合是發展訪視的核心與靈魂。正如「勒克」所言：「我們所談的每一件事都緊扣回組織文化信念，信念就蘊藏在我們所做的一切當中。有時候，我們會用來找些樂子，針對這七項組織文化信念玩快問快答；我們會說，我們想知道這些信念的名稱和定義。」沒人說你在訪視期間不需要聚焦在數字上，剛好相反，員工把組織文化信念內化並整合 C^2 文化最佳實務操作之後，就會提供數字，並草擬「達成計畫目標之藍圖。」「拉米瑞斯」不僅

同意他的話，還證明這是真的：他的分店才過了半年就已經達成了目標！

「勒克」總結：「在我待過的企業裏，執行分店訪查時永遠聚焦在行動與成果上，也就是成果金字塔的最上方兩層，我們去做訪查，指明我們希望大家做什麼，然後期待成果會改變並能長期維持下去。但並不會！現在，我們聚焦在核心信念上，信念會影響達成欲見成果所必要的行動。我們看到聯合的當責水準大幅提高：每一個人都去做為了達成關鍵成果去做必要做的事！新文化協助我們重新定義了每個人的工作說明和組織的前三大目標。我們不會僅讓特定的員工站在客戶面前說：『這是我的工作，我必須去做。』反之，任何有空的人都會挺身而出，去滿足客戶的需求；店裏每位員工想的是：『若這會影響我們的關鍵成果，那就是我的責任！』」

高效整合三步驟（找到機會並且整合到會議當中；找到機會整合到組織系統當中；做出整合計畫）可助你一臂之力，讓你將 C^2 文化下的最佳實務操作整合納入所屬企業的日常營運當中。

在我們某一場培訓工作坊研討會中，其中一位與會者是一家核能發電廠的廠長；五年前，他在另一家任職二十年的核電廠體驗過當責文化流程，他告訴團體整合的效果有多強：「直到今時今日，」他說，「你在會議上最常聽到的一句話就是『感謝你的回饋意見。』」他繼續補充：「提供回饋這件事之所以歷經五年後還能存在，是因為我們成功將回饋流程納入會議架構當中。我希望到了新公司也可以起而效尤，因為這樣有用。」沒錯，這確

實有用！整合能長期維繫 C^2 文化與 R^2 成果。

我們還記得，早期從事顧問工作時，有一次我們和格拉夫會面，當時他是 CPI 的領導者（我們在第二章介紹過 CPI 的故事）。格拉夫要我們告訴他，就我們來看，以他的公司來說，最重要的文化變革流程要素是什麼：「如果我只整合流程的一個部分而且在這方面做到非常出色，你建議我把焦點放在哪裏，可以得到最大效果？」

根據當時的企業現況，我們非常清楚他最需要應用的工具是什麼：聚焦的回饋！於是我們告訴他，首要之務是趕快在整個管理團隊啟動回饋管道，並讓團隊成員能自在地有話直說，坦白說出對方有沒有體現組織想要的文化，以及他們在向前邁進時還需要做些什麼，才能更完整展現。

格拉夫接受建議，繼續努力將聚焦的回饋整合到之後的員工會議上。他在會議一開始時便提出一個直指核心的問題：「各位在場的同事們，這個星期收到哪些你們認為很有價格的回饋，你們又根據這些意見做了什麼？」那一天，沒什麼人答得出格拉夫的問題，但每個人都做足了準備，要在下一次的員工會議上給出答案。果不其然，從那天開始，這個重要問題就成為資深管理團隊不可或缺的例行部分。

格拉夫為團隊營造了一次意義深重的經驗。他手下的副總裁們開始相信，他是認真看待聚焦回饋的交流，而且他將會確保他們每一個人都要負起自己的責任，去尋求與接受回饋、並根據建議行事。他明確期待每一位副總裁對外徵求並獲得回饋，而且不

只是從前那種隨便的回饋，必須是以組織文化信念為核心的回饋。很快地，每個人都了解沒有任何人能撂下「我有收到回饋、但不覺得其中包括任何有用的意見」這種話就過關。格拉夫持續為直屬部屬創造經驗，讓他們每一個人都要負起責任，為自己徵求到寶貴的回饋意見並據以為行動，把這當成工作的一部分，然後向他本人以及同儕報告他們確實這麼做了。

也因此，由這些副總裁主持的部門員工會議，最後也反映出執行長主持的會議樣貌。也因此，公司裏的每位員工開始持續以CPI的組織文化信念為核心交換回饋意見，很快就促成創造 R^2 成果必要的公司文化。

整合或許意味著必須執行額外的工作

　　擬定整合計畫時，你可能會發現你需要啟動某種之前沒執行過的實務操作。比方說，我們在第八章提過的客戶「環球」，面對的挑戰是要在工會強大的環境下灌輸新的文化；在這個地方，管理階層與勞工已經發展出對立關係。工會的領班抗拒「環球」的管理階層要他們做的任何「額外」工作，就算是在明定的工作時間內也不做。兩邊都有這種「我們vs.他們」的對立心態，形成一道實質的障礙，難以改變文化並做出必要的變革。

　　「環球」的領導階層在發展整合計畫階段時應用我們的會議機會過濾標準，他們找到最適當的論壇，便是每個月的工班會議。但，等到要落實這個構想時，管理階層發現計畫中的工班會議根本從沒開過。因此，在有進一步行動之前，「環球」的管理階層需要先修正這個問題，確保每個月的工班會議如期召開。這牽涉要訓練掌理各工班的領導階層，讓他們學會設計會議議程及採行 C^2 文化下的最佳實務操作，再讓工班領班回過頭來能訓練自己手下的工班成員。執行新的實務操作不應該是整合計畫中的首要考量，但你可能會發現，不先這麼做的話就做不下去。

　　以「環球」為例，掌理各工班的領導階層在工班會議中一次提供一項訓練。領導階層先不為這項文化變革作為命名，因為他們想確定工廠員工不會把這項變革作為當成新的方案或額外的工作。工班領班將變革模型與工具納入目前每個月舉行一次的一個半小時工班會議中，用員工能夠接受且樂於擁抱的方式介紹新的

實務操作。到最後，這份高度整合的執行計畫在「環球」創造出非常不同的局面。你或許還記得，該公司的資本報酬率從2％大幅增至12％！

另一個案例則出自艾力斯醫療系統公司，我們在第一章介紹過的這家公司，同樣也享有能改變遊戲規則的驚人成果（股權投資報酬率達7,000％）。領導者將他們的文化變革作為稱為艾力斯文化過渡轉化（Alaris Cultural Transition），簡稱ACT。很早的時候，艾力斯的製造群就發現，他們需要開始針對生產線員工運用聚焦的認同，以強化C^2文化。

有個團隊想出一套方法，他們稱之為「ACT抓得住你」（Caught in the ACT）。在這個構想下，公司買了多台拍立得照相機，然後安裝在一處靠近生產線的桌面上。生產線上有人明顯展現組織文化信念時，任何人便可拍下當事人的照片。所有照片會釘在告示板上，每張照片下都會有一個標籤，指出體現組織文化信念的是何人。短短幾個月，員工已經在牆上貼滿用拍立得拍下的同事照片。此外，定期的員工會議上還挪出時段，讓大家有機會說一說照片背後的故事並彰顯進度。

瑪麗安娜・吉兒（Marianne Gill）之前是艾力斯管理團隊的一員，說了一個她推動ACT時一個讓人難忘的故事，並以此總結整合C^2文化下最佳實務操作的價值。「有一件事讓我記憶深刻宛如昨日，當時我們利用聚焦的回饋進行持續性的跨部門討論，藉此打造團隊。我們談到能一起工作，並且以不帶威脅的態度和彼此談話，這就是我們努力創造出的C^2文化其中一條原

則。那時我負責銷售支援，和行銷部門相處的經驗非常痛苦。我覺得我們各自為政，彼此並沒有密切合作。我記得我收到一張行銷部門給我的聚焦認同卡，感謝我成為一個好的團隊合作者、善於溝通，而且協助行銷、銷售和客戶服務團隊一起合作得更順利。這是第一次艾力斯能夠打破門戶之見、促成團隊合作。在那之前，由於沒有訓練、沒有運用過某些工具，我們從來都做不到；我們根本不知道該怎麼做。」

　　吉兒繼續談到她和一位總監的互動，對方曾經給過她一張認同卡。「我記得當時他任職行銷部門，而我在銷售支援部門，我們很努力要調整到一致。劃地為王問題讓我們很辛苦，角色和職責的問題讓我們很辛苦；誰要做什麼事，誰不做什麼事。他承認，在我的帶領下，我們這個部門撤下藩籬，確實有助於建構更有效的團隊。」認同不僅讓吉兒樂開懷，也撤除了防堵閘門，促成銷售與行銷部門更順暢的溝通。他們為彼此提供愈多的聚焦回饋，就愈能坦誠討論問題，團隊也變得更強大。正如她說的：「這是我專業生涯中一次讓人記憶猶新的經驗。我必須告訴你們、而且我絕無誇大，行銷與銷售部門間的關係愈見穩健，文化也轉型了、變革了。」

　　本書的某位作者也在非常個人的層次體驗到整合聚焦認同的價值。當他每一個兒子從高中畢業、引頸期盼進入大學之時，都在領導夥伴企管顧問公司的送件部門打工。每當有人收到聚焦認同卡時，當事人就會把卡片貼在部門的某一面牆上，讓送件部門每位員工都能看見。

　　這些卡片後來多到幾乎變成了壁紙。送件部門的每位員工收到認同卡時都很自豪，因為他們協助公司達成關鍵成果。這位作者並不知道認同對他的兒子們來說有多重要，直到有一天其中一個男孩離職，為了之後上大學做準備。

　　幾個星期後，這位作者開好打開兒子的某個抽屜，孩子在這裏放了一些她最寶貝的收藏。在一堆東西的上方，躺著的是這孩子在送件部門工作時得到的認同卡。這一小堆的卡片，完全道盡了認同人們展現構成 C^2 文化核心的組織信念的威力有多強大。

　　而這也正是認同的重點：幫助組織裏的所有人採行組織文化信念並體現 C^2 文化。一旦實現，他們就會展現 B^2 行動並達成 R^2 成果。充分的整合可以長期維繫組織變革，因此，一旦啟動文化過渡轉化之後，每一個管理團隊都應該在此投入不容分心的注意力。

　　第十章（也是本書的最後一章），要讓你知道如何在徵求整個組織加入你憶起努力，以達成加速的文化變革。

第十章　號召組織全體加入變革

　　在加速組織變革方法論這趟旅程中，當你走到這一步時，代表我們談過與創造 C^2 文化（包括 B^2 信念與 R^2 成果）相關的最佳實務操作，以及整套的文化管理模型、工具和技能。現在，我們將要針對號召全體組織加入加速文化變革之路提出策略建議，並加以檢視。我們已經知道，說到文化變革，就跟生活中多數事物一樣，經驗就是最好的老師，過去二十多年來，辛苦累積的經驗教了我們很多事，讓我們知道說到號召組織全體加入變革流程，哪些方法有用、哪些沒用。

　　回想一下本書的簡介部分提過的 C^2 文化最佳實務操作指引圖，現在要再提出來說一次。這份指引圖是本書至今討論過的最佳實務操作的歸納與摘要，你需要這份指引圖以加速文化變革並長期維繫下去。到了現在，當我們說這套號召參與的流程聚焦在 R^2 成果上（成果在金字塔的最頂端），應該不會讓人訝異。文化變革的目標永遠都是要創造適當的環境，讓人們在其中能以必要的方式去思考與行動，從而達成組織想看到的成果。基本原則是，文化創造成果，而 C^2 文化創造 R^2 成果。

　　我們特意以三角形的外觀設計C²文化最佳實務操作指引圖，因為這反映了R²成果搭配你用來管理文化的流程、模型、工具和技能，這一切都在成果金字塔的脈絡之下發揮作用。

■ 圖表 A　創造當責文化的流程：C² 最佳實務操作指引圖 ■

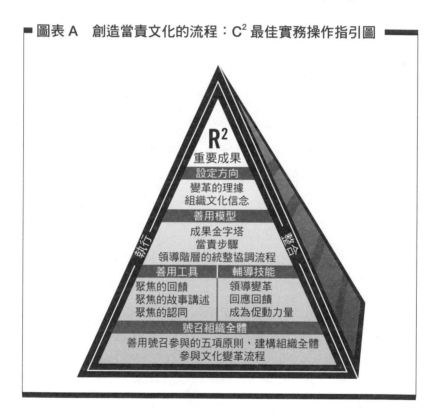

　　麥肯錫全球調查（McKinsey & Company Global Survey）曾進行一項研究，探究組織文化如何成功轉型，分析由參與組織轉型的領導者點出的成功帶動文化變遷變數。我們認為本項調查饒富興味，因為這代表的是第三方的強力證明，驗證了我們的文

化轉型方法。麥肯錫這項調查的對象，是之前曾經參與大規模、企業整體組織變革的高階主管，請他們說出他們認為最能讓組織成功轉型的變革方法。這裏要提的是，高階主管們提到幫助他們成功轉型的因素，和我們在本書中提出的 C^2 文化下的最佳實務操作強烈相關，這是很強力的驗證。在圖表10-1，我們擷取參與本項調查的高階主管所提的意見，並列於左欄，這些觀點呼應了右欄的 C^2 文化下的最佳實務操作。

■ 圖表 10-1　C^2 文化下的最佳實務操作

接受調查的高階主管認為最有助於成功轉型的因素	呼應確保成功達成第三層轉型的 C^2 文化下的最佳實務操作
「設定能激勵人心的明確目標。」	找出 R^2 關鍵成果。
「嚴謹評估公司現況，找到目前企業的能力以及問題。」	定義為了達成 R^2 成果必須從什麼樣的 C^1 文化轉變到哪一種 C^2 文化。
「明確找出為了成功轉型必須改變的心態……企業愈是聚焦在員工的心態與行為上，便愈能成功。」	發展組織文化信念宣言。
「員工在規畫流程時若能及早參與，是一個關鍵的決定成敗因素。」以及「員工能完全或大量參與形塑變革行動。」	利用充分參與的五項原則號召整個組織加入變革，以達成員工參與。
「前線員工覺得採取行動帶動變革是自己的事」，而這主要是透過「領導行動」。	領導統整協調流程與當責步驟。

「在溝通時……僅將焦點放在改變的理由上」，以及「透過持續性的溝通與參與讓組織投入與獲得活力」。	變革的依據，以及將 C² 文化下的最佳實務操作整合到會議和系統當中。
「練習強力的領導」以及「讓領導能力脫胎換骨」。	三項文化變革領導技能（領導變革、回應回饋以及成為促動力量）以及建立 C² 文化的領導技能模型。
「透過溝通……讚頌成功。」	應用聚焦的回饋與聚焦的認同。
和員工一起「同心協力及共同創造」。	當責文化流程以及完全參與與統整的五項原則。
「我們用最出色的人才執行最關鍵的轉型部分。」	營造一致性，培養「早期適應者」並發展建立 C² 文化的領導技能。
「領導者扮演的角色塑造出想要的變革。」	提供 E² 經驗的四步驟。
「經理人能在正確的時機點得到正確的資訊，以監督轉型進度並在必要時排解問題。」	以 C² 文化下的最佳實務操作流程控制發展出整合計畫，以維持一致性。
「明確定義目標、角色以及轉型的架構。」	C² 最佳實務操作指引圖。

　　請注意，當這些高階主管回覆麥肯錫的調查，說出在他們的組織成功轉型經驗中最重要的因素時，都指明 C² 文化下的最佳實務操作是重點。這沒有什麼好意外的。任何人若有意加速文化變革，我們都可以保證，只要你去做正確的事（亦即我們指明的 C² 文化下的最佳實務操作），必可以創造貨真價實的第三層轉型變革。

　　為了達成這種高階的轉型變革，你需要採行正確的流程，才

能號召組織裏的每個人加入變革一起努力。以下的五大原則能提供指引，讓你在變革期間設計並打造出全員參與：

全員參與的五大原則

1. 始於**當責**。
2. 讓人們做好準備迎接變革。
3. 從相對高階且完整的團隊著手。
4. 建立流程控制並誠實以對。
5. 設計成廣納眾人並發揮最大創造力。

仰賴這五大原則作為號召參與流程的指引，將能為你提供必要的架構，讓組織全員參與其中，助你加速邁向 C^2 文化。過去二十年來，我們努力協助客戶創造出改寫遊戲規則的成果，號召他們的組織全體參與，一起創造與維繫必要文化變革的流程，早已親身經歷過這五大原則各自在策略層面發揮出來的威力。

原則一：始於當責

五大原則的第一條簡單明瞭：始於當責。你還記得，我們在第二章中根據自身過往的經驗提過一條很強烈的信念，那就是：針對 R^2 成果所設計的當責，一定始於明確定義的成果。一定！金百利克拉克健康照護產品公司（KCHC，Kimberly-Clark Health Care）是我們的客戶，給了我們另一個清晰的案例，說明這個概念對於成功的文化變革和達成 R^2 成果來說有多重要。

　　幾年前，KCHC 是金百利克拉克集團旗下一個明日之星，該公司的銷售與獲利成長率預估值都很高，主要是受惠於北美和國際市場的企業自發性有機成長率高，在加上相關業務有計畫從事特定收購活動，前景一片大好。然而，前一年的績效卻不足以支應已支付的預付支出。年度僅剩下兩個月，公司已經連續兩年都無法達成銷售淨額與營運利潤的預算目標。更糟糕的是，來年的預測值更讓人沮喪，銷售預估相對持平，獲利持續遭到侵蝕，一切都是生產投入要素成本提高、市場競爭更趨激烈所致。

　　在這樣的背景條件下，我們開始協助 KCHC 的總裁喬安・包爾（Joanne Bauer）推動文化變革流程。在展開文化變革作為之始，我們請包爾定義 KCHC 要負責達成的前三項關鍵 R^2 成果。在經過一番大有裨益的討論之後，她的團隊縮小了範圍，從十七項成果中篩選出最終三項，稱之為「三大目標成果」。這三大目標成果瞄準的是銷售淨額、營業利潤與毛利。定義出三大目標成果，是針對想看到的 R^2 成果建立當責邁開的重要第一步。

　　策略性業務與資源規畫總監傑夫・許奈德（Jeff Schneider）表示，以三大目標成果為核心的討論，在整個企業裏就像野火一般延燒，大家在每一場會議中都會談到。事實上，這類討論開始出現在每一個角落，因為大家發現資深領導者非常審慎看待要達成三大目標成果這件事，人們看到文件夾、筆記本上印上了三大目標成果，也張貼在公司各處的牆面上。三大目標成果甚至出現標籤上，貼在公司內部郵件的外包裝上面。

　　有了如此明確的焦點，KCHC 各個層級的人員都在自問：

「我還可以多做些什麼」以利達成 R^2 成果？效果相當驚人。後來銷售淨額比前一年成長12％、比預算高了10％。營業利潤比前一年高了65％、比預算高了19％。除此之外，KCJC宣布收兩家炙手可熱的科技公司，納入他們的醫療設備業務組合。

在第一章中，我們介紹過當責步驟模型，並說明用「水平線上」的態度做到正視事實、負起責任、解決問題與著手完成是什麼意思。

就像KCHC的情況一般，若能強化個人層面的當責、並以此當作基礎，永遠都能加速文化變革；而且，以這個案例來說，也帶動組織其他作為的收效速度。建立了個人層面的當責之後，大家會把變革當成自己的分內事，自問「我還能多做什麼」，以體現組織文化作為及落實 C^2 文化下的最佳實務操作；少了這一塊，大家還是把變革外推，落入「水平線下」，為自己不參與變革流程找藉口與理由。

在「水平線下」，人們會忽略或完全否定要推動變革意外著他們自己也要出力。他們逃避任何額外的工作，因為那不是他們的事。若朝向 R^2 成果的流程沒有進度，他們就怪罪彼此。為了脫身，他們會表現出茫然困惑，不知道應如何落實新文化，也不了解組織文化信念的真正意義為何。「茫然困惑」會強力捍衛現狀；你對於「茫然困惑」又能有什麼期待呢？更糟糕的是，茫然困惑會導引出「告訴我該怎麼做就好」的態度，這樣一來，實際上該負責任的人就無須負責了，責任反而轉移到陷入陷阱、被迫說明的人身上。

■ 圖表 10-2 　水平線上的當責步驟，以及水平線下的怪罪遊戲 ■

水平線上（當責步驟，即為奧茲法則）

10. 著手完成

9. 解決問題

8. 承擔責任

7. 正視現實

水平線

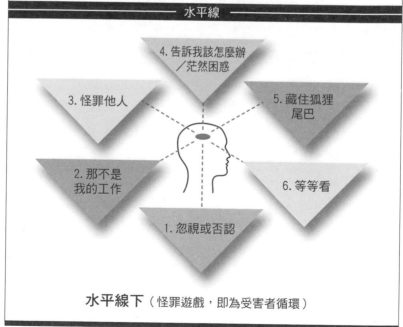

4. 告訴我該怎麼辦
／茫然困惑

3. 怪罪他人

5. 藏住狐狸
尾巴

2. 那不是
我的工作

6. 等等看

1. 忽視或否認

水平線下（怪罪遊戲，即為受害者循環）

在「水平線下」，人們會花時間藏住自己的狐狸尾巴，就擔心萬一文化變革行動走偏了或不符期待，他們必須為自己的參與找藉口，並替沒有進度找理由。然而，按照我們的估算，「水平線下」對文化變革流程造成的最大威脅，是「等等看」的態度。抱持這種心態時，人們會就冷眼旁觀，看看到底會怎麼樣，他們假裝已經投入變革流程，但這一路上不做任何有意義的事以推動進度。他們會說些話，比方說「這樣應該可以過關了吧」「就讓我們等等看」或「這種事我們以前就看過了」。這種「等等看」的態度會扼殺真正的變革。

我們看過無數次，即便是組織的極高層也背離變革作為，落入「水平線下」，找藉口讓自己無須負責任用必要的方式思考與行動、以創造成果。反之，KCHC兩位資深高階主管則是明顯的對比，他們克服了過去的不當責，自我提升到「水平線上」，以展現 C^2 文化與當責為成果及變革流程帶來的正面效應。有一段期間，無法出貨的積壓訂單傷害了銷售部門，讓他們無法達成客戶的期望。

在展開文化過渡轉化之前，銷售部門的各副總裁自然而然會落到「水平線下」，指責產品供應部門無法供應必要的產品，導致業務代表無法滿足客戶的需求。產品供應部門卻覺得，銷售行銷部門沒花時間把提供準確的供給量預估值當成優先要務，才最是應該怪罪的對象。

製造和銷售部門的領導者不讓問題持續惡化，展現了當責，決心要正視現實、承擔責任、解決問題與著手完成，各自檢視可

以做些什麼來化解難題。

在一場高度合作且專注於當責的對話之後，產品供應部門的副總裁蓋兒‧琪琪娜爾（Gail Ciccione）指派一支團隊到亞太地區詳細規畫供應鏈。讓她出乎意料的是，她發現由中國的製造基地服務亞太地區，最長需時五個月，若由墨西哥的製造基地提供服務，則需要八個月。她隨即明白，這種時間落差，會導致根本不可能提出任何算得上準確的預估值。回過頭來，銷售行銷部門的副總裁約翰‧阿麥特（John Amat）也建立起當責（在此之前，該部門並無這樣的文化），以「決定需求的預估值」這項複雜且困難的任務為核心，釐清相關細節。在這個案例中，他們各自形塑出一項重要的C^2文化下的行為，負起責任並以身作則，體現什麼叫把必要的變革變成分內事、變成個人的事。

在KCHC接下來的全球五十位高層領導者會議中，這兩位副總裁為整個團隊營造出一次當責經驗。琪琪娜爾強化了她對客戶滿意度的承諾，並改善了供應鏈，阿麥特則強化了他要提供準確預估值的承諾，把這當成帶動客戶滿意度的重要因素。銷售和製造部門強調了組織文化信念，在他們的聯合當責中展現了團結一致，提升到「水平線上」並正面接受挑戰，化解一個跨越組織界限的問題。

銷售與製造兩個部門的副總裁都承諾，要負擔起合作的責任，以簡化供應鏈同時提升需求預估值的準確度。他們營造了一次經驗，讓其他人知道這些領導者是真心要在KCHC推動變革。這番經驗變成了大家一講再講的故事，強化了文化發展的方向和

開始動手的必要性。這個故事的寓意是什麼？始於當責。少了這一塊，你將無法推動組織前進，也無法號召人們付出改變文化所必要的努力。

原則二：讓人們做好準備迎接變革

　　徵求全員參與的第二條原則，是讓人們做好準備迎接變革。改變文化過去不是、未來也不會是精采的體育賽事，不會自動吸引群眾。除非你號召組織裏的每個人落實變革，不然的話，文化將不動如山。然而，多數人都承認，根據人生經驗，人在做好準備要改變之前，並不會輕易投入任何的改變。

　　本書的其中一位作者以極可怕的方式深刻體驗到這件事。幾年前，他兩個青春期的大女兒共用樓下一間臥室。不管返家時是幾點，他從前門進屋後，通常會繞到左邊她們的房裏去瞧一瞧，看到房裏永遠是一幅颱風掃過後的景象，總讓他趕快關上房門。這兩個女兒怎麼能在垃圾堆裏過生活？他和妻子談了很多，商量應如何激勵她們改變行為。

　　他們討論女兒們的問題，試著讓她們牢記維持房間整潔的重要性。要她們聽話、做出父母想看到的改變，這對父母提出了幾個很有創意的激勵方案，但無一見效。

　　當兩個女兒某個星期五晚上離家時，他們甚至親自動手打掃房間，把丟在地上的一堆東西放進大型的垃圾袋裏，丟進閣樓。他們吸塵、撢灰，他們擦亮鏡子。等到全部做完，已經是幾個小時之後的事了；他們點亮溫柔的燈光並播放音樂，等著女孩們回

家。

深夜，兩個女孩回來了，發現爸媽躺在原本屬於她們的完美床上。哇！她們好愛房間乾淨、整潔的模樣，並且再三感謝爸媽。但不久之後，颱風又來了。

某天晚上，當這家人結束外面的活動回家時，發現自家車道上停了一部警車，警車的兩扇門都開著，他們家的前門也是。

這家人從廂型車上下來，看到一位警察大步走過來找他們。他們嚇呆了，馬上就問道：「發生什麼事了？」

警察回答：「你們外出時警報器響了。我們抵達時，警報器還在響，因此我們搜索整棟房子。我很遺憾要告訴各位，你們家被搶了，而且是職業級的強盜所為！」

做父親的馬上就問警察為什麼會這麼想。「喔，」警察回答，「因為他們一定知道要找什麼。房子裏一切都好，只有樓下那個房間一團亂，簡直是被拆掉了。抽屜裏的東西都被倒在地上，整間房一團糟。」

你能想像站在車道上父親身邊的兩個大女孩有什麼表情嗎？他忍不住轉身，問她們要不要提出其他解釋，說明為什麼這個房間這麼亂。她們小聲地對警官說，事實上，她們兩個就是導致這件事的「職業級強盜」。

顯然，在這一晚之前，作者的兩個女兒都沒準備要做出父母樂見的改變。她們沒有承擔責任；負起責任的反而是父母！當人還沒準備好改變時，結果一定都是這樣：她們為了改變所做的努力遠遠達不到期望，通常只是讓相關人等失望。

　　無論是在家裏還是工作上，要讓人做好準備把改變當成自己的事，首先，你必須幫助他們看清為何需要改變，好讓他們對改變有一定程度的認同。其次，你必須讓他們參與落實改變。藉由讓對方認同與讓他們親身參與變革，你才能讓他們把落實變革當成自己的事。

　　我們在所謂「不同層次的當成分內事」模型中捕捉了這個概念，指向人們在「把文化變革流程當成分內事（ownership）」有四個不同層次。（詳見圖表10-3）

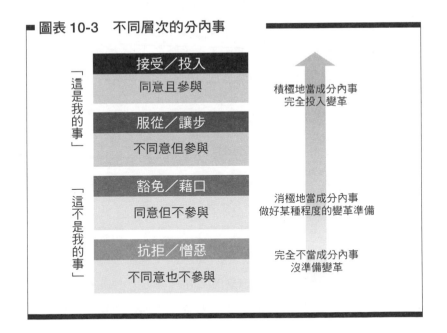

■ 圖表 10-3　不同層次的分內事

「這是我的事」

接受／投入
同意且參與

服從／讓步
不同意但參與

積極地當成分內事
完全投入變革

「這不是我的事」

豁免／藉口
同意但不參與

抗拒／憎惡
不同意也不參與

消極地當成分內事
做好某種程度的變革準備

完全不當成分內事
沒準備變革

　　在最低層次，人們不認同也不參與變革作為，完全不認為變革是分內事。在這個層次的人，抗拒變革作為，而且對於自己被要求要改變感到憎惡。他們在理智上與理智上都並未對變革作為許下承諾。他們退回到舊有的 C^1 文化，不認為有任何需要改變之處。

　　往上推一個層次，則是豁免／藉口這一層，人們基本上會說「這不是我的事」。他們理智上同意，但情感上並不投入。他們容許自己因為「太忙」而不參與行動，或是找藉口說自己他們「做不到」。一個人在把變革「當成分內事」這一點上如果落在這個層次，即便認為變革文化是一個好主意也不會向前邁進。在這個層次，他們相信文化變革或許適合他人，但與自己毫不相干。他們會提出各種理由，說明為何他們在心裏容許自己不參與行動。

　　接著，再往上推一個層次，來到了服從／讓步這一級，你會看到這一層的人理智上不同意變革的某些面向，但出於忠誠、職責、專業或其他考量，在情感上還是會投入，並採取行動。你無疑會看到某種程度的「當成分內事」。這一層不一定不好，其實很實際，因為在某些情況下這種程度也就夠了。常常，光是服從要求並讓步、願意推動文化變革向前邁進，就已經能創造出穩健的成果。另一方面，雖然這一層的人在指示之下也能達成統整一致，但少了真正能獲得成果必要的因素，當你需要持續的個人努力才能改變文化時更是如此。

　　在文化變革作為的初始階段，你會發現很多人、甚至可能是

絕大多數人，在把變革「當成分內事」這一點上來說，都落在服從／讓步這一級。他們會表現出行動，但要承諾時卻猶豫不決。一看到管理階層有任何退縮的徵兆，位在這一層的人就很容易退回到C^1文化的行事作風。由於他們不太確定自己要往哪一個方向前進，因此大可輕易從中抽身。

圖表10-3的最頂端，是接受／投入這一級，你在這一層的人身上看到最高度的「當成分內事」，這一層的人也最願意參與變革。當人們理智上認同行動方針，情緒上也投入時，才會來到這一層。他們付出理性與感性，他們完全投入並積極參與。這些人很可能已經展現了C^2文化下的行為。這一層的人認為要他們「簽署參與」加入變革是很簡單的事，而且樂見公司從扭轉文化當中獲得的益處。

在文化變革流程中，讓人們在個人層面進入接受／投入這個層級，是一項重要的管理任務，也是最重大的挑戰。你的每一項作為，都應該著重在讓人們做好準備迎接變革，勸說、說服他們接受變革的價值，並讓他們參和流程。號召參與的流程，應設計成有助於達成以下兩點：認同和參與。當你這麼做，即是同步替人們做好準備迎接變革，號召他們投身變革流程。

原則三：從相對高階且完整的團隊著手

成功的文化變革一定都是從組織的高階或「相對高階」啟動。所謂相對高階，我們的意思是，無論你在哪個層級發動文化變革流程，不管是團隊、分部、各功能別部門、子公司、他國分

公司還是整體組織，你都必須從該組織的高階啟動流程，才能收到最高的成效。這是因為文化變革必須由領導者引領，組織的領導者必須全心投入引領變革、努力號召大家加入並以持續性的方式落實變革。

啟動沒有相對高層人士參與的文化變革，可能變成一場災難。如果對高層領導者不支持、不推廣新文化，這樣的領導者會持續營造有礙適應 C^2 文化的 E^1 經驗。正如之前談過的，每一位領導者都有位階和權力，他們會創造出讓人難以忘懷的經驗，對組織內的其他人發出信號，讓大家知道是否應該嚴正看待變革流程。領導者若不營造 E^2 經驗，實際上就是抗拒變革。位居相對高層的領導者若不接受變革，在這樣的條件下嘗試在任何群體中推動文化變革，會讓群體四分五裂，而且，基本上，所有的作為都是白費工夫。

常有的情況是，我們協助客戶發動的文化變革行動並不是整個公司，而是出現在特定的部門或層級。但這樣的流程幾乎總會及時往更高階邁進，讓整個組織參與其中。無論流程始於何處，組織的領導者都必須領導變革。

當你從相對高層下手時，同時也需要納入完整的團隊。啟動文化變革時，要有完整團隊作為背景脈絡。在這樣的團隊內建立起同儕對同儕的當責態度，對於為了文化變革作為打造正確根基而延至為重要。我們一向建議，要從組織內部現有的團隊著手，而不是顯然為了達成文化變革才特意籌組的團隊。後者在流程中的某個時候或許有其道理，但要在現有的完整團隊付出時間同心

協力營造新文化之後，特意組成的團隊才能收到最大效果。

　　所謂完整的團隊，指的是任何一群固定一起工作、而且共同分擔同儕對同儕的責任以完成某些目標的團體。當你從這類團隊著手時，文化變革最穩固也最快速，因為這些團隊早已有自己的文化，在執行任何任務時都會把團隊文化帶進去。

　　文化變革是一種團體運動。要改變組織的思考與行動，最快速且最高效的方法就是鎖定完整的團隊，由她們幫助彼此體現C^2文化。當他們這麼做時，就是把每天的工作經驗當成帶動文化變革的工具。

　　針對文化變革進行的跨職能部門合作，是文化過渡轉化中很重要的一環，時機適當時必須要有這類作為。當完整的團隊練習運用文化管理工具與技能時，也可以應用這些方法來幫忙促成文化變革出現在原團隊以及其他組織之間。這重要的一步必須出現，但在完整團隊完全接受變革之前，你或許不應嘗試。

原則四：建立流程控制並誠實以對

　　所有流程都需要控制，否則的話，將會在引發脫序的力量之下崩壞，長期下來變成一片混亂。文化變革尤其如此，因為變革仰賴的是每個人的決定，由人自主選擇是否要改變自身的行為、養成新習慣並採取新心態。文化變革一次改變一個人，改變就發生在當你試著讓人們採用新文化之時，就在當你幫助他們放掉固守舊文化的天性之時。要達到最高成效，你必須在個人層面及團隊層面採行大家都同意的流程控制。

當你號召他人加入文化變革流程,當他們在個人層面負起責任體現組織文化信念,就會形成重要的流程控制。一旦出現這種情況,你就在整個組織裏建立起了自我管理的流程控制。當你經常聽到大家說著「感謝你的回饋意見」「這不是我希望你們抱持的信念」「我們需要提升到『水平線上』」「我還可以做些什麼?」「對我而言『把話說出來』(或任何一條你的組織文化信念)就是這麼一回事」以及「關鍵成果」這些話時,你就知道控制流程有效。

當你整合了文化管理工具和C^2文化下的最佳實務操作,人們就會使用聚焦的回饋、聚焦的故事講述與聚焦的認同所用的語言,藉此幫助流程保持正軌。當模型與工具的用詞成為人們行事的一部分,變成為及時、自我管理的流程控制,這或許是你能打造出來最強力的執行控管機制。

另一種重要的流程管控機制,涉及追蹤組織達成R^2成果的進度。你或許發現要追蹤達成R^2成果進度是很容易的事,但你也應該確定你有在整個組織廣為布達進度。人們的想法與做法性質上比較是屬於描述性質、而非測量指標,然而,當你努力建立C^2文化時,也應檢視他們的思考和行動和過去是否已經有所有不同。

為了便於衡量,我們某些客戶喜歡使用線上組織評量以評估進度。在流程初始時建立基準線、之後一路上利用查核點來衡量進度,這樣做能夠為你提供很好的質性關鍵指標,指出人們對於你想見到的變革有何看法。你應特別針對體現組織文化信念管控

進度。當文化確實出現變化時，每個人都會知道，而且很樂於指出改變正在發生。

　　然而，當你在計畫要納入組織裏的每一個人時，應該先針對執行與整合變革這兩方面訂下反映進度的里程碑。這些里程碑應包括應進行某些活動的期限（包括追蹤團隊發展出來的具體整合計畫）。

　　其中較常見的進度控制包括：

- 是否納入文化管理變革工具和模型所使用的語言。
- 追蹤達成 R^2 成果的進度。
- 使用線上評估工具，以掌握大家認為在採行文化信念上的進度到哪裏了。
- 設定執行與整合流程的里程碑。
- 確定有針對整合計畫進行追蹤與提報。

　　警語：在號召組織加入變遷的過程中，你不會想犯下疊床架屋的錯誤。有些用心良苦的資深領導者努力規畫通向 C^2 文化的每一步旅程，在推動必要改革之時太過仰賴流程，而不是人。過度聚焦在行動和流程上，會讓他們的目光遠離成果金字塔的下方層：經驗與信念。我們之前也談過，領導者通常偏好從成果金字塔中比較具體的上層著手（也就是行動與成果）。我們看過太多案例，領導者在無意間把所有從文化變革作為中產生的成果變成流程，到一定程度之後，這種過度規範與架構的行事方法，會退化成比較像是一條一條「打勾勾」的活動。在不知不覺當中，他

們最終扼殺了個人的主動力、創造力與領導力。

　　成果金字塔模型是我們的文化變革流程基礎，模型建議的方法是以原則為中心，而非以流程為中心。請注意兩者的差異：

　　流程：持續性的行動或操作，以確定的方式進行，需要他人的回應或參與。

　　原則：是個人性或有特定基礎的行動；是導引出行動的基本事實。

　　原則導向的取向容許修正原則（或者說是 B^2 信念），以導引人們自主選擇他們需要做出哪些 B^2 行動，而不是等著別人告訴他們做什麼。雖然你一直希望能在流程與原則之間取得平衡，但說到組織文化變遷，通常你會發現，**一套以原則為導向並輔以流程的方法**，成效最好。

　　至於執行與整合變革作為，在這方面，號召人們加入的流程在設計上必須要做到一點，那就是幫助每個人避免陷入「行禮如儀」的陷阱裏。在人們應用文化管理工具與 C^2 文化下的最佳實務操作時，要讓每一個人誠實以對。如果人們開始錯把活動當作成果、或把動作當成行動，那麼，變革流程即便看來一切都在正軌上，但實際上卻陷於泥淖無法前進。

　　舉例來說，「HGS」公司（化名）東北地區的管理團隊質疑他們所說故事的品質。這個組織雖然投入文化過渡轉化，但很多人覺得，組織裏流傳的故事讚頌的都是過去就有的平常事，而不是真正彰顯組織文化信念的新行為。有些團隊成員挑戰這個觀點，堅持他們要稱揚的是「講述故事」這件事，因為這對所有人

來說，都是一個新的活動。有些人擔心，如果要求故事必須滿足太高的標準，那麼實際上終究得延長醞釀發酵的時間，而且會讓流程太過複雜。

「HGS」管理團隊討論爭辯，看看他們要如何在流程中誠實以對，但同時又確保正確的聚焦故事講述，可以帶動想看到的 C^2 文化中的信念。他們後來同意，不僅要講故事，也要針對每一個故事提供回饋，以判斷這個故事是否確實說到某個人扭轉了 C^1 文化的信念、體現 C^2 文化的信念。回饋會強化多加運用某個故事、建議不要再流傳某個故事，或者，促成以更能強化新文化的方式重新架構這個故事。當人們努力保有彼此的誠實、講述能反映與強化邁向 C^2 文化的故事時，聚焦的故事講述在「HGS」的文化變革流程中便有全新的生命。

原則五：設計成廣納眾人並發揮最大創造力

文化變革是高度協作的行動，需要各個層級的每個人參與，成為共同的文化創建者。

你在設計號召參與的流程時，必須讓組織全員展現最高度的參與，並發揮最大的創造力。你不能只是把文化過渡轉化「推出去」給所有員工；相反地，你必須號召大家變革付出一分心力，納入每一個人。我們看過很多公司試著推出新方案，但從未看過強迫推銷的方案能讓人們完全參與流程。強迫推銷型方案會明白揭示目的，通常都設定為人們要在某個期限之前接受某種訓練，諸如此類的。以活動為焦點，無法讓人們把變革「當成分內

事」。這樣的強迫推銷式方案，無法讓組織上下在個人層面上投身變革，到最後顯然全無效果時就船過水無痕了，要不然就是被其他新的「當月最火紅」方案所替代。

要號召全員加入文化變革，需要安排能引發參與的具體經驗。首先，要善用領導統整協調模型，以確保人們有親身參與落實 C^2 文化下的最佳實務做法。這將會幫助你讓對的人在對的時間加入規畫參與流程的每一個面向。建構草擬組織文化信念宣言也有助擴大協力合作的範疇，推廣到高階主管團隊之外的人們。若是推動變革的組織是大型的分部機構、他國的關係企業或是涵蓋地理區域廣闊的駐點，可能極有必要替他們各自擬出專屬的組織文化信念宣言。

我們也建議善用組織裏的每一個人，請大家幫忙推動各種用來介紹組織文化信念的訓練會議。雖然文化變革中一向採行領導者引導，但如果號召參與的流程能由上而下納入每一個人，組織裏各層級的人們也都可以幫忙，一起成為流程推手。請記住，你希望讓參與的每一個步驟都能發揮出最大的推助力量。比方說，當你在介紹組織文化信念宣言時，你應該用能讓人高度投入、參與的方式來做，仿照為資深團隊營造的經驗，使用規模比較小的版本，刺激組織裏的每一個人都湧現出高度的參與感，藉此達成相同的一般結論。

當你開始聽到很多關於如何改變文化的想法時，你可以把這當成明確的信號，證明你已經召來整個組織，而且大家也都投身其中。舉例來說，某個財務部門的團隊成員開始進行「奧茲時

段」（Oz Hour）；這是以我們針對當責所寫的第一本書《當責，從停止抱怨開始》中，提到的奧茲法則為名，這本書裏介紹了奧茲法則。他們的奧茲時段重點是聚焦的認同、聚焦的故事講述與聚焦的回饋。透過把鎂光燈打在組織文化信念上，該部門的領導者引發了許多如何推動文化變革的新構想。

另一個團隊則啟動「最新消息會報」（Breaking-News Huddles），組織裏任何人任何時候都可以主動召開特別會議。這類會報讓人們可以在重要且相關的消息出現之後快速分享，這樣一來，關於R^2成果的最新進度以及還有哪些待完成進度，大家都可以掌握最新消息。還有一家公司則開始在召聘新人的應徵與面試流程中應用組織文化信念。他們會發一封信給可能成為員工的對象，說明公司以當責為核心的組織文化信念：

　　「如果你能堅守並體現這些原則，那麼，你就是能成功並協助本公司繁榮興盛的人。如果你覺得要做到這種程度的當責不適合你，你不願意或不能提供回饋，不願意採取必要行動說到做到並為你的行動負起責任，那麼，我們便不是適合你的雇主。我們了解並不是每個人都準備好許下這樣的承諾，而且我們也很欣賞坦然決定這裏並不適合他們的人。」

這封信代表了該公司希望在組織文化上營造與維繫的最初

E^2 經驗之一。這樣的構想，來自於完全投入的員工發揮出來的創造力，他們把文化變革當成自己的事，並且努力落實。

若要詳細說明針對刺激出最高的參與度與獲得最大的創意來設計流程，我們很樂於分享創恩特瑞斯（TransEnterix）公司的案例，這家客戶將組織文化信念與 C^2 文化下的最佳實務做法整合到招聘流程當中。

創恩特瑞斯是一家新創的醫療設備公司，專攻創新、侵入程度最低的外科手術設備；他們組成了一支出色的管理團隊，即便遭逢八十年來最糟糕的經濟情況，該公司仍以創紀錄的短時間獲得了監理單位的許可，還沒售出第一套產品之前就先募得了 7,600 萬美元，拉高了企業的營收前募得資本標竿。創恩特瑞斯達成了每一個里程碑，每一次都準時或超前，連第一次推出新產品的時程也不例外。不到兩年半，他們已經推出了十二種產品，進攻產值達 100 億美元的一般外科市場。在評論早期的成就時，總裁兼執行長陶德・波普（Todd M. Pope）表示：「在我們創造的成就中，很多都可歸因於我們是以組織文化信念在做事。」

雖然這句話對任何企業來說都成立，但是小型、年輕的公司要能做到這一點，需要的人才更是要多好幾倍。成功主要仰賴聘用對的人才、並在對的時間把對的人才放進對的位置。

波普告訴我們，在創恩特瑞斯召聘新人時，面談時向應徵者強調公司的企業文化非常重要。要溝通傳達和創恩特瑞斯業務相關的事實和細節，易如反掌，但這些都無法表達這家公司與其他組織真正的差異，在於組織文化！領導者會帶領可能成為員工的

人詳閱組織文化信念；這些他們早就倒背如流了。他們讓應徵者了解為何會選定這樣的宣言，之後花時間提供一些真實的案例，說明創恩特瑞斯的員工如何體現宣言，日復一日。

他們接下來做的事則需要一點自信。他們鼓勵所有應徵者去問任何人和創恩特瑞斯組織文化相關的問題：這是什麼、這些信念有什麼影響以及員工如何體現。他們鼓勵應徵者和員工談談貼在牆上的認同卡。他們信心滿滿的請應徵者自行觀察實際上的文化，並記下所見所聞。

當有人請他談談這套做法時，波普宣稱：「這造成極大的影響。我認為這便是我們的差異化因子。」他繼續補充：「我們從員工講述的故事當中得知，當應徵者能感受到我們正在打造的文化，他們都想成為其中的一員。多數新人告訴我們，我們在創恩特瑞斯建立的文化『讓他們加入本公司最重要的單一理由』。最近我們公司就辦了一次家庭野餐日活動，我實在沒辦法告訴你，有多少人對我說他們的配偶之所以興致盎然地參與活動，是因為他們都聽過本公司的文化！」

審慎規畫號召組織全員參與變革作為並藉此激發出最高的參與度，將會在整個組織裏在執行及整合文化過渡轉化上孕育出創意。這股創意能加速人們採行B^2信念以及整體的文化變革。

結語

　　在這整本書裏，我們看到文化變革可以成為差異化因子，為任何企業創造競爭優勢並帶來改寫遊戲規則的成果。在現今競爭激烈的環境下與挑戰重重的經濟當中，要提升績效愈來愈困難，能改寫遊戲規則的人也日益重要。真正改變賽局的人不能光是應用卓越的商業策略、大量的資本投資或是更好的誘因而已；這些因素本來就已經都很難覓。

■ 圖表 10-4　棍棒無法改寫賽局

它推動了科技進步，但並不足以改寫遊戲規則。

　　過去做出棍棒時，確實造成了不同的局面。然而，這是一種累積性的改善，是第二層的過渡型轉變。真正改寫遊戲規則的因素，不會輕易出現。無論你花了多少時間利用累積性的改善來追求最大績效，但最極致也就是這樣了。

　　當商業模式需要 R^2 成果時，賽局的決勝點已經不再關乎能否目前的績效發揮到極致，而是要將組織的成果轉型。執行得當的文化變革行動，可以、也的確會帶來改變賽局的轉型式成果。當你改變文化，就改變了賽局，隨著新賽局而出現你想看到的成果，將會形塑與定義你所屬組織的成就。我們對於這套流程很有信心。這真的有用！

　　當你用我們在本書中所述的方法來處理文化時，文化變革會帶動組織整體的精神，並讓參與其中的每個人獲得能量，順利創變革。當責再搭配應用 C^2 文化下的最佳實務操作，你將能加速文化的變革並獲得你追求的成果。

　　我們以「如果你不管理組織文化，組織文化就會管理你」破題，展開文化探索的旅程。現在，這句話對你來說應有全新的意義。我們知道，當你為自己的文化負起責任並妥善管理時，將能創造出色的成就，嘉惠自己、與你共事的人、你的整個組織，還有，最重要的，你的顧客。改變組織文化，你將能改變賽局！

致謝

太多的感激要獻給協助過本書的人。首先是安卓雅・薩克海因（Adrian Zackheim）以及組合公司（Portfolio）的團隊，包括布魯克・克瑞（Brooke Carey）、艾蜜莉・安潔兒（Emily Angell）和威爾・衛瑟（Will Weisser），他們給本書大量的支持與高度的熱情。最讓我們我們感動的是組合公司的團隊完全了解：當責能帶來成果。

我們要對麥可・斯內爾（Michael Snell）表達誠摯的感謝與友誼。他靈活且全心支持的配合，確實大有助益。我們最讚賞他帶來的貨真價實合作關係。

感謝領導夥伴企管顧問公司的諸位同事：約翰・賈可伯森（John Jacobsen）、湯尼・布瑞德爾（Tony Bridwell）、唐納・柯伯瑞吉（Tanner Corbridge）、克瑞格・希克曼（Craig Hickman）、莫瑞・海爾斯（Maury Hiers）、賈瑞德・瓊斯（Jared Jones）、克爾克・馬森（Kirk Matson）、馬可斯・尼可爾斯（Marcus Nicolls）、崔西・斯庫森（Tracy Skousen）、布拉德・史達（Brad Starr）、唐恩・塔納（Don Tanner）、珍

妮佛‧莎伯克（Jennifer Zarback）、蜜雪兒‧莫瑞（Michelle Murray）、彼特‧希多爾（Theodore）（他是供應商，也是團隊中的關鍵成員）、羅伯‧浩斯（Robert Haws）和丹尼絲‧史密斯（Denise Smith），我們要對這些人的貢獻與支持表達謝意。少了他們，就不可能完成本書。我們寫作本書就像寫其他書時一樣，都是團隊的努力。感謝各位，親愛的團隊！

我們一向重視客戶極忠誠的支持。在此要特別感謝與我們合作長久，並成功應用本書的客戶。

最後，我們必須感謝各自的妻子葛雯（Gwen）與貝琪（Becky）、孩子們與孫兒們的支持、熱情與鼓勵。有他們，一切都值得！

各界讚譽

「我至今仍在享受顯著的績效改善，全拜康納斯與史密斯的方法之賜，這根本就是奇蹟！本書提供了一條通向建立當責的明確路徑，利用經過驗證、符合常理的方法為組織各層級的人們注入能量，達成一般而言根本不在我們掌握之中的目標和目的。」

——康爾福盛公司（CareFusion Corporation）
董事長兼執行長戴夫‧施洛特貝克（Dave Schlotterbeck）

「本書呈現領導夥伴企管顧問公司透過文化轉型以達成果的方法，這絕對是我至今所見最出色的領導流程！我們在大小組織、美國內外都用過這套方法。如果你知道你自己和團隊想要的成果是什麼，這套流程便是達成的方法。」

——欣奈克公司（Synecor, LLC）
副董事長佛瑞德‧麥科伊（Fred Mccoy）

「康納斯與史密斯利用成果金字塔模型來加速文化變革，他們不只明白點出那些我們都知道很重要的事，還更進一步細述如何達成。本書為領導者提供一套方法論，可用來打造並維繫高績效的組織文化。」

—— 輝瑞（Pfizer）動物健康美國營運處
總裁小柯林頓‧路易斯（Clinton A. Lewis Jr.）

「康納斯與史密斯在職場當責領域早已是備受肯定的專家，在本書中把當責帶入更上一層樓！他們以過去大為成功的著作《當責，從停止抱怨開始》和《從負責到當責》為本，詳細說明如何以能創造持續性成果的流程來加速文化變革。」

—— 美國前助理國務卿葛瑞格利‧紐威爾
（Gregory J. Newell）大使

「在籌組公司的早期，我們的管理團隊便樂於採行本書所述的既務實又強大工具。我很有信心，在新創企業這個艱辛的世界裏，應用這些概念並建立當責文化，將能幫助我們有所成就，而且是我們實現願景、轉型自成一個產業時的關鍵。」

—— 創恩特瑞斯（TransEnterix, Inc.）
總裁兼執行長陶德‧波普（Todd M. Pope）

「文化變革絕非易事，但有了從本書得到的工具與洞見，我們正見識到飛快的進展。」

—— 連鎖餐廳（Chili's Grill & Bar）總裁偉曼‧羅伯斯（Wyman Roberts）

「基本原則是：如果你繼續做原來的事，就會繼續得到如過去的結果；但如果你想改寫遊戲規則……你必須讀這本書。本書鋪陳了一套可據以為行動的方法，每一位領導者都應精通。因此，如果你已經厭倦嘗試無效的領導技巧與無用的新方案，就停下來讀本書吧。」

—— 艾美林製藥（Amylin Pharmaceuticals）前任執行長金潔‧葛拉罕（Ginger L. Graham）

「憑藉本書中所述的流程，不到兩年我們的營收已經成長三倍，利潤則大幅成長75％。我們成為一個『相信』的組織：我們相信自己能成功，我們相信自己能在市場上得勝，我們相信自己能準時提供產品，我們也相信能夠超乎客戶的期待，而我們也確實做到了。本書提出一套鏗鏘有力的計畫，每一位領導者都可以遵循以改變自家的文化，並為組織每一個層級建立成果導向的當責。」

—— 信科（Simtek）總裁兼執行長哈洛德‧布倫奎斯特（Harold A. Blomquist）

「康納斯與史密斯的新書提出一套計畫，可用快速且清晰的形式建立成果導向的當責。他們提供的具體案例，說明領導者如何克服天生的過濾機制、以利精準聚焦在根本的議題上，可為有意加速文化變革並帶動商業成果的領導者指點迷津。」

—— 亞培眼力健（Abbott Medical Optics）
總裁吉姆・馬佐（Jim Mazzo）

「這是一本讓人可以即知即行的文化變遷釋疑解難指引，充滿歷經驗證、實際好用概念，讓領導者得以加速變革、強化團隊並獲致成就。」

—— 絲班納斯（Spanx）執行長
羅莉・安・戈登（Laurie Ann Goldman）

「這是一本絕妙好書，充滿實務觀點，也包含了如何應用及發揮影響力的業界相關案例。值得記取的重點：所有的行為都有報償。」

—— 安多製藥（Endo Pharmaceuticals）
總裁兼執行長大衛・何維克（David P. Holveck）

本書是文化變革的明確指引，提供了強而有力也務實的方法，來扭轉你的組織文化並達成成果。」

——USKH總裁提摩西・維格（Timothy Vig）

　　「當責系列叢書一本比一本更好。本書提出中肯的實際案例，說明企業如何執行必要的文化變革以達成他們想獲得的成果。本書中有大量的案例研究，詳述如何行動，也提出明確的執行指引圖。這是一本好書，可以說服每一家公司裏都有的死硬否定派，讓他們接受文化變革不是可做可不做的選項，而是要項；而，精通變革的流程將會帶來競爭優勢。」

　　—— 夏威夷建築師有限公司（Architects Hawaii）總裁兼執行長威廉・布瑞希（William A. Brizee）

　　「本書為領導者提供明確且符合直覺的按部就班指引，藉此了解並塑造自己的企業文化，這是每一個組織成功方程式裏的關鍵要素。」

　　—— 希伯來銀髮人生中心（Hebrew Senior Life）

總裁路易斯・沃爾夫（Louis J Woolf）

　　「康納斯與史密斯再一次給我們一套經過驗證且高效的方法，以關鍵企業成果為核心進行統整協調並創造成就！高階主管若有意打造能創造最大成果的強大文化，這絕對是一本適用好書。」

　　—— 密西根藍十字藍盾公司

（Blue Cross Blue Shield of Michigan）資深副總裁、幕僚長

兼資訊長喬・何納（Joe H. Hohner）

「 本書是無價之寶，每位經驗豐富或滿懷抱負的領導者都應一讀。關於如何善用組織文化與在績效上大幅躍進，沒有比本書更出色的指南了。這套結合實用與實務的方法，可以在任何組織中創造另一番既真實又可持續的不同局面。」

——Chilli's Grill & Bar 連鎖餐廳營運長
凱莉‧薇拉德（Kelli Valade）

「本書直指核心，說明組織要成功必須需要具備哪些因素，並提出一套珍貴無比的指引，帶領組織安渡這個時代的經濟亂流。康納斯與史密斯以過去工作中的基本概念為基礎，提供實用且可靠的架構，協助領導者建立起既能創造成果也能持續的文化。」

—— 阿波羅教育集團（Apollo Group）
學習長馬丁‧羅利（Martin C.Lowery）

「你已經削減成本、優化流程並採取其他步驟進行改善，但你想見到的成果仍不明確或是難以維繫。康納斯與史密斯提出了一套具有說服力的論據，說明過去的明星領導者現在面臨上述困境的理由：文化。這本書架構井然有序，著眼於艱困的現實與實務的應用。這不是一本輕鬆讀物，不用『讓我們套用理論在固定的架構裏分析吧』的觀點來檢視組織的行為，反之，本書提供了文化管理工具，讓今天的你可以應用到公司裏以提升工作成果。」

—— 索尼電子產品公司（Sony Electronics）
副總裁兼總經理克里斯多福．佛賽特（Christopher Fawcett）

「每一位有經驗的領導者都知道，擁有正確的組織文化對於決定自身的成敗而言至為關鍵。基於這一點，每一位身處領導位階以及每一位渴望成為領導者的人都應讀本書。《建立當責文化》提出我見過最棒的方法，說明如何號召人們參與，落實持續性的行為改變並創造成果。」

—— 阿比餐廳集團（Arby's Restaurant Group）人力資源培訓
與發展資深副總裁梅莉莎．史翠特（Melissa Strait）

「本書提出一套極簡單卻又威力無比的方法論，可用來打造出一個著眼於創造成果的積極組織；在如今這個艱困且競爭激烈的環境下，基本上這是每一個組織的優先要務。兩位作者很有說服力，以能支持其主張的強說服力案例撐起他們的論述：改變文化，你便可以改寫遊戲規則！」

—— 奧賽羅臨床診斷公司（Ortho Clinical Diagnostics）
醫療設備與診斷供應鏈規畫與供應鏈系統策略
資深副總裁史都華．馬格洛夫（Stuart Magloff）

「在利用本書書所提出的概念之後，我相信，任何其他文化變革方法都做不到像這樣簡單中帶著強大威力，應用起來更是效能高超。每一位認真看待文化變革的領導者都應讀本書。」

—— 衣倉公司（Dress Barn）
資深副總裁傑佛瑞・葛斯多爾（Jeffrey Gerstel）

「每個人都知道，要有計畫才會成功。遺憾的是，許多領導者並未適切規畫如何管理文化；這可能是決定多數組織成敗的單一最重要因素。本書提出最完整且務實的藍圖，任何領導者都可用來確保自家的組織文化能助其一臂之力，創造出他們需要的成果。」

—— 培卡公司（Precor Incorporated）
人力資源副總裁琳恩・高木（Lynn Takaki）

「說到底，商業界所指的成功便是獲得成果，而管理組織文化是達成此一目標的關鍵。本書為領導者提供必要的關鍵要素與實務工具以創造當責文化，讓人們在極個人的層面也能敬業投入，以確保組織能成功並能達成樂見的成果。」

—— 沛可寵物用品公司（PETCO Animal Supplies）
人才與領導力發展總監裴瑞・卡本特（Barry Carpenter）

「這是每一家圖書館的領導與組織績效書目中都要納入的重要書籍，每一頁都有重要的祕訣，教你如何將組織轉型以持續創造關鍵成果。少見有書籍包括了按部就班的方法以確保個人面與組織面的成就，但這本就是了！」

—— 易保公司（Esurance）

常務董事韋恩・夏拉（Wayne Sharrah）

「以變革為主題的文獻中有多如牛毛的方法論，但我認為，在如何加速文化變革的領導力相關書籍中，康納斯與史密斯提出了最好的架構。他們揭示了『失落的一角』，而這一角也正是決定任何變革作為成敗的基本差異因素。本書是我讀過最實用的領導方法。」

—— 極光醫療保健組織（Aurora Health Care）

病患為本照護總監莎莉・透納（Sally Turner）

「本書提出實用的指引與技巧，可以作為組織在建立更強當責時的實際指引圖。本書的前提無須質疑，那就是『遵循當責之路，必會有成果。』」

—— 山谷安寧醫院（Hospice of the Valley）

執行總監蘇珊・李文（Susan Levine）

關於作者

　　羅傑・康納斯（Rogcr Connors）與湯姆・史密斯（Tom Smith）是領導夥伴企管顧問公司（Partners In Leadership, Inc.）的共同執行長、總裁兼共同創辦人；該公司是一流的培訓及管理顧問公司，在全球提供頂級的當責訓練服務。他們以職場當責為題，共同執筆，寫出別具權威且具開創性的系列暢銷書，包括《紐約時報》榜上有名的《當責，從停止抱怨開始》與《從負責到當責》。熱賣的《前進翡翠城》也出自於他們的手筆。他們的著作被翻譯成多種語言，是各種暢銷書排行榜上領導相關類別的常勝軍，橫掃包括《華爾街日報》（*Wall Street Journal*）、《今日美國》（*USA Today*）、美聯社（Associated Press）、《出版人週刊》（*Publishers Weekly*）與亞馬遜（Amazon.com）等等機構編製的榜單。

　　這些廣受歡迎的書為「建立更高度當責的三條路」奠下基礎；這是一套由領導夥伴企管顧問公司提供的全方位、高度協調的管理資深與培訓服務。「三條路」這套方法協助組織針對個人、團隊與組織成果建立更高的當責。兩位作者的公司協助50

餘國幾千家客戶，訓練過成千上萬的人，從高階主管到第一線員工，讓他們利用更高度的當責以提高組織各級的效率、利潤與創新。他們有許多客戶都是全球數一數二的公司，囊括近半的道瓊工業指數（Dow Jones Industrial Average companies）成分股公司、全球十二家頂尖製藥廠以及約半數的美國財星五十大企業。

　　史密斯和康納斯出現在無數的廣播與電視節目，寫作的文章散見於主要的商業刊物，並在大型企業研討會上發表專題演說。在敬業參與顧問諮商與重大組織發展介入方面，他們引領全球，包括在許多歐洲國家、日本、北美、南美與中東的專案。他們兩位、加上由執行顧問和協力專員組成的團隊均受人敬重，是資深高階主管備受信任的顧問，更是職場當責領域備受肯定的全球性專家，帶來深廣的專業協助各個管理團隊，透過他們的「當責三條路」訓練來促成大規模的文化過渡轉化。這兩位作者都擁有楊百翰大學（Brigham Young University）梅利歐管理學院（Marriott School of Management）的企業管理碩士學位。

譯名對照

艾力斯安全中心（Alaris Safety Center）

領導夥伴企管顧問公司（Partners In Leadership）

通用汽車（GM，General Motors）

小愛德華・惠塔克（Ed Whitacre Jr.）

〈破產法第十一章〉（Chapter 11）

美聯社（AP，Associated Press）

波坦金將軍（General Potemkin）

《當責，從停止抱怨開始》（*The Oz Principle: Getting Results Through Individual and Organizational Accountability*）

當責步驟（Steps to Accountability）

正視現實（See It）

承擔責任（Own It）

解決問題（Solve It）

著手完成（Do It）

怪罪遊戲（blame game）

被害者循環（victim cycle）

水平線上（Above the Line）

水平線下（Below the Line）

徹底蛻變（transformation）

過渡轉化（transition）

第二章

目標（goal）

蓋茲堡（Gettysburg）

小圓頂戰役（Little Round Top）

約書亞・羅倫斯・張伯倫（Colonel Joshua Lawrence Chamberlain）

班戈神學院（Bangor Theological Seminary）

難易程度（Difficulty）

未來方向（Direction）

建置部署（Deployment）

發展開發（Development）

評量成果 R^2（Rating Your R^2 Results）

心律調節器公司（CPI，Cardiac Pacemakers Inc.）

傑・格拉夫（Jay Graf）

蓋登公司（Guidant Corporation）

波士頓科技心律管理集團（Boston Scientific Cardiac Rhythm Management Group）

第三章

赫拉克利特（Heraclitus）

世界大型企業聯合會（Conference Board）

投入／產出變革模型（Input/Output Change Model）

短期變革（temporary change）

過渡變革（transitional change）

轉型變革（transformational change）

海明威（Ernest Hemingway）

停止／開始／繼續分析（Stop/Start/Continue analysis）

第四章

蘋果公司（Apple）

史帝夫‧賈伯斯（Steve Jobs）

《連線》雜誌（*Wired*）

SSM醫療保健公司（SSM Health Care）

信念偏見（belief bias）

西爾斯羅巴克公司（Sears, Roebuck and Co.）

安東尼‧魯奇（Anthony Rucci）

艾美冰淇淋（Amy's Ice Creams）

第五章

艾美‧席夢思（Amy Simmons）

《公司》雜誌（*Inc.*）

約翰‧凱斯（John Case）

選擇性詮釋（selective interpretation）

第六章

心律管理集團（CRM，Cardiac Rhythm Management Group）

佛瑞德・麥考伊（Fred McCoy）

臨界質量（critical mass）

領導統整協調流程（Leadership Alignment Process）

文化過渡轉化流程（Cultural Transition Process）

當責文化三條路流程（Three-Track process called the Culture of Accountability Process）

布林克國際（Brinker International）

第七章

邊境之上（On The Border）

凱莉・薇拉德（Kelli Valade）

道格・布魯克斯（Doug Brooks）

聯邦快遞（FeDEX，Federal Express）　　141

佛瑞德・史密斯（Fred Smith）

喬治・伊凡諾維奇・葛吉夫（George Ivanovich Gurdjieff）

第八章

文化領導能力模型（Leadership Proficiency Model）

改變信念方法論（Methodology for Changing Beliefs）

索尼（Sony）

VAIO服務（VAIO Service）

史蒂芬・尼柯爾（Steven Nickel）

索尼電子產品部門（Sony Electronics）

英格索蘭（Ingersoll Rand）

賀伯・漢克爾（Herb Henkel）

雙重公民（dual citizenship）

雪佛龍（Chevron Corporation）

第九章

瑪麗安娜・吉兒（Marianne Gill）

麥肯錫全球調查（McKinsey & Company Global Survey）

ACT抓得住你（Caught in the ACT）

第十章

金百利克拉克健康照護產品公司（KCHC，Kimberly-Clark Health Care）

喬安・包爾（Joanne Bauer）

傑夫・許奈德（Jeff Schneider）

蓋兒・琪琪娜爾（Gail Ciccione）

約翰・阿麥特（John Amat）

奧茲時段（Oz Hour）

創恩特瑞斯（TransEnterix）

陶德・波普（Todd M. Pope）

圖表索引

國家圖書館出版品預行編目資料

建立當責文化: 從思考、行動到成果,激發員工主動改變的領
導流程／羅傑.康納斯（Roger Connors）, 湯姆·史密斯(Tom
Smith)著 ; 吳書榆譯. -- 初版. -- 臺北市： 經濟新潮社出版：家
庭傳媒城邦分公司發行, 2017.04
面 ；　公分. --（經營管理；136）

譯自 : Change the culture, change the game : the breakthrough
　　　strategy for energizing your organization and creating
　　　accountability for results

ISBN 978-986-94410-1-8(（平裝）

1.組織行為　2.組織文化　3.企業領導

494.2　　　　　　　　　　　　　　　　　　　　106003923